普通高等教育计算机类专业教材

# 算法设计与分析

主　编　赵　晶

副主编　尉秀梅　李爱民　鲁　芹　姜雪松

中国水利水电出版社
www.waterpub.com.cn
·北京·

# 内 容 提 要

　　本书介绍了常见的算法设计方法，主要内容包括算法概述、递归、分治法、动态规划、贪心算法、回溯法和分支限界法。书中介绍各种算法的设计思路、算法复杂性及实例分析，同时在每一章的章首部分增加了学习要点，每一章的章末附有和本章内容相关的习题。

　　本书适合普通高等学校及高职院校的计算机科学与技术专业、软件工程专业、数据科学与技术专业、信息与计算科学等专业本科生作为教材使用，也适合从事算法设计的技术人员学习参考。

　　本书配有电子课件，读者可以从中国水利水电出版社网站（www.waterpub.com.cn）或万水书苑网站（www.wsbookshow.com）免费下载。

## 图书在版编目（CIP）数据

算法设计与分析 / 赵晶主编. -- 北京 ： 中国水利
水电出版社，2023.3
　普通高等教育计算机类专业教材
　ISBN 978-7-5226-1420-5

Ⅰ．①算… Ⅱ．①赵… Ⅲ．①算法设计－高等学校－
教材②算法分析－高等学校－教材 Ⅳ．①TP301.6

中国国家版本馆CIP数据核字(2023)第035103号

策划编辑：杜　威　责任编辑：赵佳琦　加工编辑：黄卓群　封面设计：梁　燕

| | |
|---|---|
| 书　名 | 普通高等教育计算机类专业教材<br>算法设计与分析<br>SUANFA SHEJI YU FENXI |
| 作　者 | 主　编　赵　晶<br>副主编　尉秀梅　李爱民　鲁　芹　姜雪松 |
| 出版发行 | 中国水利水电出版社<br>（北京市海淀区玉渊潭南路 1 号 D 座　100038）<br>网址：www.waterpub.com.cn<br>E-mail：mchannel@263.net（答疑）<br>　　　　 sales@mwr.gov.cn<br>电话：（010）68545888（营销中心）、82562819（组稿） |
| 经　售 | 北京科水图书销售有限公司<br>电话：（010）68545874、63202643<br>全国各地新华书店和相关出版物销售网点 |
| 排　版 | 北京万水电子信息有限公司 |
| 印　刷 | 三河市鑫金马印装有限公司 |
| 规　格 | 184mm×260mm　16 开本　12.5 印张　320 千字 |
| 版　次 | 2023 年 3 月第 1 版　2023 年 3 月第 1 次印刷 |
| 印　数 | 0001—3000 册 |
| 定　价 | 36.00 元 |

凡购买我社图书，如有缺页、倒页、脱页的，本社营销中心负责调换

# 前　　言

党的二十大报告明确提出，教育、科技、人才是全面建设社会主义现代化国家的基础性、战略性支撑。必须坚持科技是第一生产力、人才是第一资源、创新是第一动力，深入实施科教兴国战略、人才强国战略、创新驱动发展战略，开辟发展新领域新赛道，不断塑造发展新动能新优势。要坚持教育优先发展、科技自立自强、人才引领驱动，加快建设教育强国、科技强国、人才强国，坚持为党育人、为国育才，全面提高人才自主培养质量，着力造就拔尖创新人才，聚天下英才而用之。

在面临经济发展转型、科学技术"卡脖子"等问题的背景下，高等教育的重点是加强基础学科、新兴学科、交叉学科建设，加快建设优势学科。计算机科学与技术学科紧跟国内外计算机科学与技术前沿，为国家培养计算机科学与技术高层次人才，而计算机科学与技术专业是一个计算机系统与网络兼顾的计算机学科宽口径专业，旨在培养具有良好的科学素养、具有自主学习意识和创新意识、科学型和工程型相结合的计算机专业高水平工程技术人才。

"算法设计与分析"是计算机科学与技术专业的核心课程，它将高级语言程序设计、数据结构和计算方法等内容紧密地结合在一起，通过介绍常见的算法设计策略、复杂性分析方法和应用，培养学生分析问题和解决问题的能力，使学生掌握算法设计的基本方法，熟悉算法分析的基本技术，并能熟练运用一些常用算法，为学生开发高效的软件系统及参加相关领域的研究工作奠定坚实的基础。

本书将社会上比较流行的、比较先进的部分互联网技术进行分析，挖掘其底层借鉴的基本算法，让读者掌握现今流行技术的底层算法及复杂度分析，提高读者的学习积极性及主动性，培养读者积极探索的科学精神。

全书共分 7 章：

第 1 章　算法概述。简单介绍了算法的概念，算法与程序的区别与联系，算法的时间复杂度和空间复杂度分析。

第 2 章　递归。通过实例介绍了递归方程的设计方法，同时给出求解递归方程的方法。

第 3 章　分治法。介绍了分治法的基本思想，并通过二分搜索、棋盘覆盖、合并排序、快速排序等应用详细介绍分治法的设计思想、时间复杂度分析。

第 4 章　动态规划。先由几个实例引出动态规划算法的基本思想及求解过程，然后分析了备忘录方法与动态规划算法的异同，并通过最长公共子序列、最大子段和、合唱队形问题、0-1 背包问题详细介绍动态规划算法的设计方法、时间复杂度分析。

第 5 章　贪心算法。通过实例分析了贪心算法的设计思想、基本要素，并通过活动安排问题、背包问题、最优装载问题、哈夫曼编码等应用详细给出贪心策略的设计方法、贪心策略的证明。

第 6 章　回溯法。本章首先介绍解空间的基本概念，并给出构造解空间的过程分析，然后介绍回溯法的框架，并通过装载问题、n 后问题、0-1 背包问题等详细介绍回溯法的构造过程，最后分析了影响回溯法效率的原因。

第 7 章　分支限界法。本章首先介绍分支限界法与回溯法的异同，然后通过单源最短路径、装载问题、0-1 背包问题详细介绍分支限界法的求解步骤。

本书采用 C++语言作为表述手段，书中介绍了各种算法的设计思路、算法复杂性及实例分析，同时在每一章的章首部分增加了学习要点，每一章的章末附有和本章内容相关的习题，并免费提供电子课件。

本书的编写得到了齐鲁工业大学计算机科学与技术学部人才培养提升计划优秀教材培育项目的支持，同时得到了齐鲁工业大学教材建设基金资助，在此表示衷心的感谢。

本书由赵晶任主编，尉秀梅、李爱民、鲁芹、姜雪松任副主编，编写过程中的校对工作由硕士生邹庆志、胡玉帅、张荣环、高帅、时俊康、豆希梦、吴栋林、曲相宇、秦宥煊、石明、王浩、张雪峰完成，在此表示感谢。

由于编者的知识和写作水平有限，书稿虽几经修改，仍难免存在缺点和错误，热忱欢迎同行专家和读者惠予批评指正，使本书不断改进，日臻完善。

编　者

2022 年 6 月

# 目　　录

# 第1章 算法概述

**本章学习重点：**

● 理解算法的概念。
● 理解什么是程序，程序与算法的区别和内在联系。
● 掌握算法的时间复杂度概念。
● 掌握算法渐近复杂度的数学表述。

## 1.1 算法与程序

### 1.1.1 算法与程序概述

计算机解决问题需要采用一定的方法，我们称之为算法，严格来说，它不是问题的答案，但它是经过准确定义求解问题并获得答案的过程，无论是否涉及计算机，合适的算法都是问题求解的有效策略之一。因此，我们说的算法是指解决问题的一种方法，或者说算法是若干指令的有穷序列。算法满足以下性质：

（1）有零个或多个输入。

（2）有一个或多个输出。

（3）算法的每一条指令都有确定的含义，不存在二义性。

（4）算法中每条指令不会无限循环，都能在执行有限步后结束，且执行每条指令的时间也是有限的。

（5）算法中的所有运算都能在有限的次数内执行完成。

程序与算法不同，程序是将算法用某种计算机程序设计语言实现的指令集合。简单来说，算法侧重于做什么，而程序侧重于怎么做，因此，除算法外，程序还包括数据结构的设计等其他相关操作，数据结构是程序的骨架，算法是程序的灵魂。程序可以不满足算法的性质（4）。例如操作系统是一个无限循环执行的程序，只要不关机，它就一直运行，因而不是一个算法。但是，操作系统的各种任务可看成是单独的问题，每一个问题由操作系统中的一个子程序通过特定的算法来实现，该子程序得到输出结果后便终止。

### 1.1.2 为什么要学习算法？

那么，为什么要学习算法呢？简单来说，算法是计算机科学的基石，没有算法就没有计算机程序，学习算法可以提高人们分析和解决问题的能力。

算法研究的核心问题是时间（速度）问题。随着计算机功能的强大，越来越多的人尝试用计算机去解决更复杂的问题，而更复杂的问题需要更大的计算量。现代计算机技术在计算能力和存储容量上的革命提供了计算更复杂问题的有效工具，但是，无论硬件性能如何提高，算法研究始终是推动计算机技术发展的关键。

举几个常见的例子，初步了解一下算法到底是做什么的。

1. 人类基因组计划

人类基因组计划（Human Genome Project，HGP）是一项规模宏大、跨国跨学科的科学探索工程，其目标是发现所有的人类基因，测定组成人类染色体（单倍体 24 条染色体）中所包含的 30 亿个碱基对的核苷酸序列，绘制人类基因组图谱，达到破译人类遗传信息的目的。这些操作中的每一个步骤都需要复杂的算法才能完成。

2. 检索技术

随着互联网技术的快速发展，人们接收到的网络信息量越来越大，大部分人通过智能终端快速地访问和检索大量的信息，这些海量数据的管理和搜索都离不开巧妙的算法。如用户根据意图输入查询请求后，检索系统根据用户的查询请求在本地数据库或网络中搜索与查询相关的信息，通过一定的匹配算法计算出信息的相似度大小，并按相似度从大到小的顺序将信息转换输出。在此过程中，有非常多必须要解决的问题，包括寻找好的数据传输路径、利用搜索引擎来快速地找到包含特定信息的网页等，这些操作中的每一个步骤也都需要复杂的算法才能完成。

3. 信息安全与数据加密

电子商务的发展使得商品和服务可以在网络上进行谈判和交易，那么如何保证电子商务交易的安全性？如何对敏感的个人信息提供机密性保障、认证交易双方的合法身份、保证数据的完整性和交易的不可否认性？诸如此类的问题都是我们在应用网络时需要考虑的。公共密钥加密技术和数字签名技术是这一领域内所使用的核心技术，它们的基础就是数值算法和数论。

### 1.1.3　算法的描述方法

描述算法的方法比较多，常见的有自然语言、流程图、程序设计语言、伪代码等。我们用求最大公约数的例子分别介绍一下以上描述方法。

**例 1**　最大公约数。

20 世纪 50 年代，欧几里得曾在他的著作中描述过求两个数的最大公因子的过程：使用辗转相除法求两个自然数 $m$ 和 $n$ 的最大公约数。欧几里得所描述的这个过程，被称为欧几里得算法，如图 1.1 所示。

图 1.1　欧几里得算法

下面分别给出针对上述算法的几种描述方法。

（1）自然语言。自然语言是我们日常生活中使用的语言，其优点是容易理解，缺点是描述冗长、有时有二义性。需要注意的是，使用自然语言描述算法要避免写成自然段。

欧几里得算法用自然语言可以描述如下：

1）输入 $m$ 和 $n$。

2）求 $m$ 除以 $n$ 的余数 $r$。

3）若 $r$ 等于 0，则 $n$ 为最大公约数，算法结束；

否则执行 4）。

4）将 $n$ 的值放在 $m$ 中，将 $r$ 的值放在 $n$ 中。

5）重新执行 2）。

（2）流程图。以特定的图形符号加上说明表示算法的图，称为流程图或框图。流程图的优点是直观，从图中很容易看出程序的执行过程，缺点是缺少严密性、灵活性。因此，一般使用流程图描述简单算法。流程图的基本符号如图 1.2 所示。

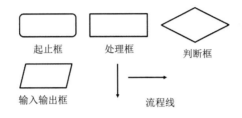

图 1.2　流程图的基本符号

欧几里得算法的流程图如图 1.3 所示。

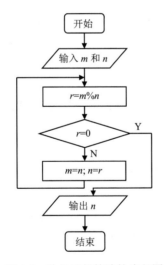

图 1.3　欧几里得算法的流程图

（3）程序设计语言。程序设计语言是用于书写计算机程序的语言，如 Java、C++、Python 等。程序设计语言的优点是能由计算机执行，比人工执行更快更准确，缺点是抽象性差，对计算机编程能力有一定要求，需要专门学习程序设计语言。

欧几里得算法用 C++ 程序语言可以描述如下：

```
int euclid(int m,int n)
{   int r;
    r=m%n;
    while(r!=0)
```

```
    {   m=n;
        n=r;
        r=m%n;
    }
    return n;
}
```

（4）伪代码（Pseudocode）。伪代码是介于自然语言和程序设计语言之间的算法描述方法，它采用某一程序设计语言的基本语法，操作指令可以结合自然语言来设计。相比程序设计语言，它更类似自然语言，可以将整个算法运行过程的结构用接近自然语言的形式（可以使用任何一种你熟悉的文字，关键是把程序的意思表达出来）描述出来。优点是表达能力强，抽象性强，容易理解。

欧几里得算法用伪代码描述如下：

```
①r=m%n;
②循环直到 r 等于 0
    m=n;
    n=r;
    r=m%n;
③输出 n;
```

本书主要采用 C++语言描述算法。C++语言是一种跨平台的通用程序设计语言，它功能强大，适用于各种编程需求，常用于系统开发、引擎开发等应用领域，是至今为止最强大的编程语言之一，支持类、封装、重载等操作。C++语言简洁灵活，运算符和数据结构丰富，具有结构化控制语句、程序执行效率高的优点，使用该语言描述算法结构紧凑、可读性强。

### 1.1.4　解决问题的基本步骤

求解一个具体的问题，需要根据具体问题的需求来设计合适的算法，一般步骤描述如下。

（1）准确理解、分析问题：能够准确、完整地理解并描述所提出的问题是解决该问题的第一步。

（2）建立数学模型：想用计算机解决实际问题，必须针对该问题进行数学建模，也就是准确构造适合该问题的数学模型。

（3）设计算法：算法设计是指设计求解某一特定类型问题的一系列步骤，这些步骤可以通过计算机的基本操作来实现。算法设计要同时结合数据结构的设计，也就是选取合适的存储方式，设计完毕并证明算法的正确性。

（4）分析算法：分析算法的主要目的是估算该算法所需的内存空间和运行时间，并衡量算法的优劣。通常将时间和空间的增长率作为衡量的标准。

（5）编程实现算法：根据选用的程序设计语言，将该算法编程实现以便具体解决实际问题，如：有哪些变量，分别是什么类型的变量？是否包含数组？是否包含函数？等等。算法的实现方式，对运算速度和所需内存容量都有很大影响。

（6）调试、测试程序：调试成功后进行测试，以便验证算法的功能正确与否。

（7）编制、整理文档：编制文档的目的是让人了解你编写的算法。首先要把代码编写清楚，同时还要采用注释的方式。需编制、整理的文档还包括算法的流程图、求解该问题时各阶段的有关记录、算法的论述、算法测试结果、对输入/输出的要求及格式的详细描述等。

在以上求解问题的步骤中，有些步骤需要反复执行，其中设计算法是解决问题的核心。解决问题的步骤如图 1.4 所示。

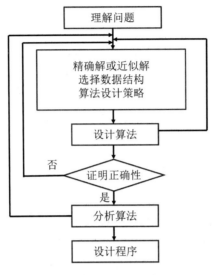

图 1.4　解决问题的步骤

## 1.2　算法的时间复杂度

算法设计好后，如何衡量算法的优劣性？我们一般借助算法复杂度分析算法的优劣，所谓算法复杂度，就是运行该算法所需要的计算机资源。算法复杂度越高，所需要的计算机资源越多，反之，算法复杂度越低，所需要的计算机资源越少。而计算机资源里最重要的是时间资源和空间资源，因此，算法的复杂度包括算法的时间复杂度 $T(n)$ 和算法的空间复杂度 $S(n)$，其中 $n$ 是问题的规模（输入大小）。

### 1.2.1　算法设计的例子

**例 1**　百钱买百鸡问题。

公元 5 世纪末，我国古代数学家张丘建在他所撰写的《算经》中提出了这样一个问题："今有鸡翁一，值钱五；鸡母一，值钱三；鸡雏三，值钱一。百钱买百鸡，问鸡翁、母、雏各几何？"意思是说公鸡每只 5 元，母鸡每只 3 元，小鸡 3 只 1 元，用 100 元钱买 100 只鸡，求公鸡、母鸡、小鸡的只数。

我们可以用以下方法求解：设 $a$ 为公鸡只数，$b$ 为母鸡只数，$c$ 为小鸡只数。根据题意，可列出下面的约束方程：

$$a + b + c = 100$$

$$5a + 3b + c/3 = 100$$
$$c\% 3 = 0$$

其中，$a$、$b$、$c$ 的可能取值范围为 0～100，运算符"/"表示整除运算，"%"表示求余数运算。

我们可以根据上述方程对在 0～100 范围内的 $a$、$b$、$c$ 的所有组合进行一一测试，凡是满足上述三个约束方程的组合，都是问题的解，这种方法称之为穷举法。

穷举法又叫枚举法，顾名思义，该方法将问题的所有可能的答案一一列举出来，然后根据条件判断此答案是否合适，合适就保留，不合适就丢弃，从而找出问题的解。因为要列举问题的所有可能的答案，所以该方法有两个特点：如果有结果，则其结果肯定是正确的；搜索过程耗时较多，效率低下。可以使用穷举法解决的类似例子有数独游戏、九宫格等。

如果把百钱买百鸡问题转化为用 $n$ 元钱买 $n$ 只鸡，$n$ 为任意正整数，则约束方程可以这样描述：

$$a + b + c = n$$
$$5a + 3b + c/3 = n$$
$$c\% 3 = 0$$

下面给出 $n$ 元钱买 $n$ 只鸡问题的算法描述。

（1）第一种方法。设 $k$ 为满足该问题的解的数目，公鸡、母鸡、小鸡的只数分别储存在以下三个数组内：$g[\ ]$、$m[\ ]$、$x[\ ]$。算法描述如下：

```
template<class Type>
1 void chicken_question(int n,int &k,int g[ ],int m[ ],int s[ ])
2 {    int a,b,c;
3      k = 0;
4      for (a=0;a<=n;a++)
5        for (b=0;b<=n;b++)
6          for (c=0;c<=n;c++)
7            {if ((a+b+c==n)&&(5*a+3*b+c/3==n)&&(c%3==0))
8              {   g[k] = a;
9                  m[k] = b;
10                 x[k] = c;
11                 k++;
12              }
13           }
14 }
```

我们来分析一下这种方法在求解过程中的内循环的循环次数：该算法有三重循环，主要执行时间取决于第 7 行开始的循环体的执行次数。第 4 行开始的外循环的循环体执行 $n+1$ 次，第 5 行开始的中间循环的循环体执行 $(n+1)(n+1)$ 次，第 6 行开始的内循环的循环体执行 $(n+1)(n+1)(n+1)$ 次。当 $n=100$ 时，内循环的循环体执行次数将大于 100 万次。

（2）第二种方法。从另一方面考虑，100 元钱只用来买公鸡可以买 20 只，只用来买母鸡可以买 33 只母鸡，$n$ 元钱只能买到 $n/5$ 只公鸡或 $n/3$ 只母鸡，而小鸡的只数又与公鸡、母鸡的只数相关，因此我们可以去掉某些一定不会使问题成立的情况，将第一种方法的内循环省去。则由题意可知：

公鸡只数 $a$ 的取值范围为 $0 \sim n/5$；母鸡只数 $b$ 的取值范围为 $0 \sim n/3$；小鸡只数 $c = n - a - b$。

设 $k$ 为满足该问题的解的数目，公鸡、母鸡、小鸡的只数分别储存在以下三个数组内：$g[\ ]$、$m[\ ]$、$x[\ ]$。算法描述如下：

```
template<class Type>
1 void chicken_problem(int n,int &k,int g[ ],int m[ ],int s[ ])
2 {    int i, j, a, b, c;
3      k = 0; i = n / 5; j = n / 3;
4      for (a=0;a<=i;a++)
5          for (b=0;b<=j;b++)
6          {   c = n – a – b;
7              if ((5*a+3*b+c/3==n)&&(c%3==0))
8              {   g[k] = a;
9                  m[k] = b;
10                 x[k] = c;
11                 k++;
12             }
13         }
14 }
```

我们来分析一下这种方法在求解过程中的内循环的循环次数：该算法有两重循环，主要执行时间取决于第 7 行开始的循环体的执行次数。第 4 行开始的外循环的循环体执行$(n/5+1)$次，第 5 行开始的内循环的循环体执行$(n/5+1)(n/3+1)$次。当 $n=100$ 时，内循环的循环体的执行次数为 $21×34 = 714$ 次。这与第一种解法的 100 万次相比，仅是其万分之七，有重大的改进。

**例 2** 货郎担问题。

货郎担问题也叫旅行商问题，即 TSP 问题（Traveling Salesman Problem），是数学领域中的著名问题之一。在该问题中，某售货员要到若干个城市销售货物，已知各城市之间的距离，要求售货员选择出发的城市及旅行路线，使每一个城市仅经过一次，最后回到原出发城市，而总路程最短。

实际生活中很多问题都可以归结为货郎担问题。如：物流运输路线中，汽车应该走怎样的路线使路程最短？在一条装配线上用一个机械手去拧紧待装配元件上的螺丝，应该怎样规划才能使完成的时间最短？在钢板上挖一些小圆孔，自动切割机应该走怎样的路线使路程最短？城市里有一些地方铺设管道时，管子应该走怎样的路线才能使管子耗费最少？这类求解最优值的问题都可以称之为货郎担问题。

货郎担问题可以形式化描述为：假设有 $n$ 个城市，分别用数字 1 到 $n$ 编号。在有向赋权图中，寻找一条路径最短的哈密尔顿回路。其中：$V=\{ 1,2,...,n\}$ 表示城市顶点；边 $(i, j) \in E$ 表示城市到城市的距离；图的邻接矩阵 $C$ 表示各个城市之间的距离，称为费用矩阵；数组 $T$ 表示售货员的路线，依次存放旅行路线中的城市编号。

售货员的每一条路线，对应于城市编号的一个排列。$n$ 个城市共有 $n!$ 个排列，采用穷举法逐一计算每一条路线的费用，从中找出费用最小的路线，便可求出问题的解。

设城市个数为 $n$，费用矩阵为 $c[][]$，旅行路线为 $t[]$，最小费用为 min，算法描述如下：

```
template<class Type>
1#define MAX_FLOAT_NUM      ∞
2 void salesman_problem(int n,float &min,int t[],float c[][])
3 {    int p[n],i = 1;
4      float cost;
5      min = MAX_FLOAT_NUM;
6      while (i <= n!)
7         {产生 n 个城市的第 i 个排列 p;
8          cost =路线 p 的费用;
9          if (cost < min)
10            {把数组 p 的内容复制到数组 t;
11             min = cost;
12            }
13          i++;
14        }
15 }
```

该算法的执行时间取决于第 6 行开始的 while 循环，它产生一个路线的城市排列，并计算该路线所需要的时间。这个循环的循环体共需执行 $n!$ 次。假定每执行一次，需要 1μs 时间，则整个算法的执行时间随 $n$ 的增长而增长，如表 1.1 所示。从中可以看到，当 $n=10$ 时，运行时间是 3.62s，算法是可行的；当 $n=13$ 时，运行时间是 1.72h（小时），还可以接受；当 $n=16$ 时，运行时间是 242d（天），就不实用了；当 $n=20$ 时，运行时间是 7 万 7 千多年，这样的算法就不可取了。

表 1.1　货郎担问题穷举法版本的执行时间

| $n$ | $n!$ | $n$ | $n!$ | $n$ | $n!$ | $n$ | $n!$ |
|---|---|---|---|---|---|---|---|
| 1 | 1μs | 6 | 720μs | 11 | 39.9s | 16 | 242d |
| 2 | 2μs | 7 | 5.04ms | 12 | 479.0s | 17 | 11.27y |
| 3 | 6μs | 8 | 40.3ms | 13 | 1.72h | 18 | 203y |
| 4 | 24μs | 9 | 362ms | 14 | 24h | 19 | 3857y |
| 5 | 120μs | 10 | 3.62s | 15 | 15d | 20 | 77146y |

注：μs 为微秒；ms 为毫秒；s 为秒；h 为小时；d 为天；y 为年。

### 1.2.2　为什么需要对算法进行复杂度分析？

我们为什么需要对算法进行复杂度分析呢？通过百钱买百鸡问题的例子，可以看出改进算法的设计方法对提高算法性能是非常重要的；通过货郎担问题的例子，可以看出用穷举法解决该类问题不可行，因此，哪种类型的问题用哪种算法才能有效解决是我们研究的重点。如果不对算法进行分析，我们就不知道哪种算法的效率更高，哪种算法更适合求解该类问题。

因此，我们用算法的复杂度来衡量算法的效率，分析算法运行所需计算机资源的量，需要的时间资源为时间复杂度，需要的空间资源为空间复杂度。算法的时间复杂度越高，算法的执行时间越长，反之，执行时间越短；算法的空间复杂度越高，算法所需的存储空间越多，反之越少。我们判断一个算法的优劣时，可以抛开软件和硬件因素，只考虑问题的规模，编写程序前预先估计算法优劣，可以改进并选择更高效的算法。一般情况下，时间复杂度和空间复杂度成正比。

### 1.2.3　算法的复杂度分析

如何分析算法的时间复杂度和空间复杂度？我们一般通过依据该算法编制的程序在计算机上运行时所消耗的时间和空间来度量算法的执行时间和占用空间。因此，有两种方法可以采用：事后统计法和事前分析预估法。

首先考虑事后统计法，也就是先将代码跑一遍，然后通过统计、监控，得到算法执行的时间和占用的内存大小。但是该方法的缺点在于，最终时间依赖于运行程序的计算机的软硬件环境，不同的测试数据可能有不同的结果，数据库的大小不同也会产生不同的结果。

因此，人们经常采用事前分析预估法分析算法复杂度，该方法不用实际运行代码，也不用具体的测试数据来测试，就可以粗略地估计算法的执行时间和占用空间。

算法的输入规模和运行时间一般成正比，而运行时间因为计算机的软硬件不同无法估算，因此不需要对算法的执行时间作出准确的统计（除非在实时系统中有需求），而是对每个操作的次数进行统计，算法的语句执行次数多，它花费的时间就多，也就是说，算法的执行时间随问题规模的增大而增大，常用关于问题规模 $n$ 的函数来估算算法在大规模问题时的运行时间。

1.　算法的输入规模和运行时间

假设百钱买百鸡问题的两个不同的解法，其最内部的循环体每执行一次，需 1μs 时间。则当 $n=100$ 时，第一个算法最内部的循环体共需执行超过 100 万次，约需执行 1s 时间。当 $n=100$ 时，第二个算法最内部的循环体共需执行 714 次，约需 714μs。当 $n$ 的规模不大时，两个算法运行时间的差别不太明显。如果把 $n$ 的大小改为 10000，即 10000 元买 10000 只鸡，以同样的计算机速度执行第一个算法，约需 11d13h；而用第二个算法，则需 $(10000/5+1)(10000/3+1)$μs，约为 6.7s。如表 1.2 所示，很明显可以看出，当 $n$ 的规模变大时，两个算法运行时间的差别就很悬殊了。

表 1.2　百鸡问题执行时间

| 百鸡问题 | | 第一个解法 | 第二个解法 |
| --- | --- | --- | --- |
| $n=100$ | 内循环次数 | 100 万次 | 714 次 |
| | 执行时间 | 1s | 714μs |
| $n=10000$ | 执行时间 | 11d13h | 6.7s |

从上面的分析，可以发现：

（1）算法的执行时间随问题规模的增大而增长，增长的速度随不同的算法而不同。当问题规模较小时，不同增长速度的两个算法，其执行时间的差别或许并不明显。而当规模较大时，这种差别就非常大。

（2）没有一个方法能准确地计算算法的具体执行时间。算法的具体执行时间不但取决于算法的设计，也取决于算法用什么语言实现，用什么编译系统实现，在什么样的计算机上执行。即使在同一台计算机上，加法和乘法的执行时间差别也很大。

实际上，在评估一个算法性能时，不需要考虑用何种语言实现的，不需要考虑执行该算法的计算机硬件性能，也不需要对算法的时间作出准确统计。对两个算法性能进行比较时，只需要相对时间，我们更关心算法的运行时间随着输入规模的增长而增长的情况。

2. 算法运行时间的评估

假设算法是在这样的模型下运行的：所有操作数都具有相同的固定字长；所有操作的时间花费都是一个常数时间间隔。这样的操作叫作初等操作，包括算术运算、比较和逻辑运算、赋值运算等。

下面用百钱买百鸡问题对算法的运行时间 $T(n)$ 进行估算。

例：输入规模为 $n$，百钱买百鸡问题的第一个解法的时间花费，可估计如下（其中//后的数字为初等操作个数）：

```
template<class Type>
1 void chicken_question(int n,int &k,int g[ ],int m[ ],int s[ ])
2 {    int    a,b,c;
3      k = 0;                          //1
4      for (a=0;a<=n;a++)              //1+(n+2)+(n+1)
5        for (b=0;b<=n;b++)            //(n+1)+(n+1)(n+2)+(n+1)²
6          for (c=0;c<=n;c++)          //(n+1)²+(n+1)(n+2)²+(n+1)³
7            { if ((a+b+c==n)&&(5*a+3*b+c/3==n)&&(c%3==0))      //14(n+1)³
8              {  g[k] = a;            //(n+1)³
9                 m[k] = b;            //(n+1)³
10                x[k] = c;            //(n+1)³
11                k++;                 //(n+1)³
12               }
13            }
14 }
```

第 3 行对 $k$ 赋初值，只有 1 个初等操作；第 4 行 for 循环，有 3 个初等操作，1 个为对 $a$ 赋初值，另外 2 个分别执行(n+2)和(n+1)次操作；第 5 行 for 循环为中间循环，有 3 个初等操作，1 个为对 $b$ 执行(n+1)次赋初值操作，另外 2 个分别执行(n+2)(n+1)和(n+1)² 次操作；第 6 行执行(n+1)²+(n+1)(n+2)²+(n+1)³ 个初等操作；第 7 行执行 14(n+1)³ 个初等操作，该语句共有 13 个明显的运算符和 1 个隐含的 if 语句里的条件判断真假的运算符；第 8~11 行为在第 7 行为真的情况下，共执行 4(n+1)³ 个初等操作，为假的情况下，不执行操作。因此百钱买百鸡问题的第一个算法的运行时间 $T_1(n)$ 可以估算如下：

$$T_1(n) \leq 1+2(n+1)+n+1+2(n+1)^2+(n+1)^2+16(n+1)^3+4(n+1)^3$$
$$= 20n^3+63n^2+69n+27$$

当 $n$ 增大时，如 n=100000000，算法的执行时间取决于上式第一项 $20n^3$，后面的 3 项可以忽略不计，且第 1 项的常数 20 也可以忽略不计。因此可把 $T_1(n)$ 写成：

$$T_1^*(n) \approx c_1 n^3, \quad c_1 > 0$$

这时，称 $T_1^*(n)$ 的阶是 $n^3$。

百钱买百鸡问题的第二个算法的时间花费，也可进行如下估算：

```
template<class Type>
1 void chicken_problem(int n,int &k,int g[ ],int m[ ],int s[ ])
```

```
2 {      int    i, j, a, b, c;
3        k = 0; i = n / 5; j = n / 3;                    //1+2+2
4        for (a=0;a<=i;a++)                              //1+(n/5+2)+(n/5+1)
5           for (b=0;b<=j;b++)                           //(n/5+1)+(n/5+1) (n/3+2)+(n/5+1)(n/3+1)
6             { c = n – a – b;                           //3(n/5+1) (n/3+1)
7               if ((5*a+3*b+c/3==n)&&(c%3==0))          //10(n/5+1) (n/3+1)
8                 { g[k] = a;                            //(n/5+1) (n/3+1)
9                   m[k] = b;                            //(n/5+1) (n/3+1)
10                  x[k] = c;                            //(n/5+1) (n/3+1)
11                  k++;                                 //(n/5+1) (n/3+1)
12                }
13            }
14 }
```

第 3 行对 3 个不同的变量赋初值，有 5 个初等操作；第 4 行 for 循环，有 3 个初等操作，1 个为对 $a$ 赋初值，另外 2 个分别执行(n/5+2)和(n/5+1)次操作；第 5 行 for 循环为中间循环，有 3 个初等操作，1 个为对 $b$ 执行(n/5+1)次赋初值操作，另外 2 个分别执行(n/5+1)(n/3+2)和(n/5+1)(n/3+1)次操作；第 6 行执行 3 个初等操作；第 7 行执行 10(n/5+1) (n/3+1)个初等操作，该语句共有 9 个明显的运算符和 1 个隐含的判断真假的运算符；第 8～11 行为在第 7 行为真的情况下，共执行 4(n/5+1) (n/3+1)个初等操作，为假的情况下，不执行操作。因此百钱买百鸡问题的第二个算法的运行时间 $T_2(n)$ 可以估算如下：

$$T_2(n) \leqslant 1+2+2+1+2(n/5+1)+n/5+1+2(n/5+1)(n/3+1)+$$

$$(3+10+4)(n/5+1)(n/3+1)$$

$$= \frac{19}{15}n^2 + \frac{161}{15}n + 28$$

同样，随着 $n$ 的增大，$T_2(n)$ 也可写成

$$T_2^*(n) \approx c_2 n^2, \quad c_2 > 0$$

这时，称 $T_2^*(n)$ 的阶是 $n^2$。

把 $T_1^*(n)$ 和 $T_2^*(n)$ 进行比较，有

$$T_1^*(n) / T_2^*(n) = \frac{c_1}{c_2}n$$

当 $n$ 很大时，$c_1/c_2$ 的作用很小。

### 1.2.4　算法时间复杂度的定义

时间复杂度并不具体表示代码真正的执行时间，而是表示代码执行时间随数据规模增长的变化趋势，所以也叫作渐进时间复杂度，我们一般用渐近时间复杂度衡量时间复杂度。

定义：设算法的执行时间为 $T(n)$，如果存在 $T^*(n)$，使得

$$\lim_{n \to \infty} \frac{T(n) - T^*(n)}{T(n)} = 0$$

就称 $T^*(n)$ 为算法的渐近时间复杂度。

还是用百钱买百鸡问题的例子说明一下：

第一种算法的运行时间表达式为

$$T_1(n) = 20n^3 + 63n^2 + 69n + 27$$

$$\lim_{n \to \infty} \frac{20n^3 + 63n^2 + 69n + 27 - n^3}{20n^3 + 63n^2 + 69n + 27} = 0$$

该算法的渐近时间复杂度为 $n^3$。

第二种算法的运行时间表达式为

$$T_2(n) = \frac{19}{15}n^2 + \frac{161}{15}n + 28$$

$$\lim_{n \to \infty} \frac{\frac{19}{15}n^2 + \frac{161}{15}n + 28 - n^2}{\frac{19}{15}n^2 + \frac{161}{15}n + 28} = 0$$

该算法的渐近时间复杂度为 $n^2$。

事实上，通过上面的分析，我们可以得知，随着 $n$ 的增大，对算法的执行时间影响最大的是最高次方。也就是说，当 $n$ 变得越来越大时，公式中的低阶、常量、系数三部分影响不了其增长趋势，所以可以直接忽略它们，只记录一个最大的量级就可以了。因此第一个算法的复杂度可记为 $T_1(n) \approx n^3$，它的阶是 $n^3$；第二个算法的复杂度可记为 $T_2(n) \approx n^2$，它的阶是 $n^2$。

常见的时间复杂度的阶有：1（常数阶）、$\log n$（对数阶）、$n$（线性阶）、$n\log n$（线性对数阶）、$n^2$（平方阶）、$n^3$（立方阶）、$2^n$（指数阶）、$n!$（阶乘阶）。当 $n$ 足够大时：$1 < \log n < n < n\log n < n^2 < n^3 < 2^n < n!$。表 1.3 和图 1.5 给出了常见的几种时间复杂度下算法的渐近运行时间。

表 1.3　不同时间复杂度下不同输入规模的运行时间

| 输入规模 | $\log n$ | $n$ | $n\log n$ | $n^2$ | $n^3$ | $2^n$ |
|---|---|---|---|---|---|---|
| 8 | 3ns | 8ns | 24ns | 64ns | 512ns | 256ns |
| 16 | 4ns | 16ns | 64ns | 256ns | 4.096μs | 65.536μs |
| 32 | 5ns | 32ns | 160ns | 1.024μs | 32.768μs | 4294.967ms |
| 64 | 6ns | 64ns | 384ns | 4.096μs | 262.1441μs | 5.85c |
| 128 | 7ns | 128ns | 896ns | 16.384μs | 1997.152μs | $10^{20}$c |
| 256 | 8ns | 256ns | 2.048μs | 65.36μs | 16.777ms | $10^{58}$c |
| 512 | 9ns | 512ns | 4.608μs | 262.144μs | 134.218ms | $10^{135}$c |
| 1024 | 10ns | 1.024μs | 10.24μs | 1048.576μs | 1073.742ms | $10^{289}$c |
| 2048 | 11ns | 2.048μs | 22.528μs | 4194.304μs | 8589.935ms | $10^{598}$c |
| 4096 | 12ns | 4.096μs | 49.152μs | 16.777ms | 68.719s | $10^{1214}$c |
| 8192 | 13ns | 8.196μs | 106.548μs | 67.174ms | 549.752s | $10^{2447}$c |
| 16384 | 14ns | 16.384μs | 229.376μs | 268.435ms | 1.222h | $10^{4913}$c |
| 32768 | 15ns | 32.768μs | 491.52μs | 1073.742ms | 9.773h | $10^{9845}$c |
| 65536 | 16ns | 65.536μs | 1048.576μs | 4294.967ms | 78.187h | $10^{19709}$c |

注：ns 为纳秒；μs 为微秒；ms 为毫秒；s 为秒；h 为小时；d 为天；y 为年；c 为世纪。

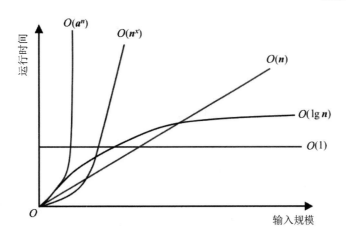

图 1.5　不同时间复杂度下不同输入规模的运行时间

那么，我们能否可以通过提高计算机运行速度来提高算法的时间复杂度呢？设有求解同一问题的 6 个算法 $A_1$、$A_2$、$A_3$、$A_4$、$A_5$、$A_6$，其时间复杂度的阶分别为 $n$、$n\log n$、$n^2$、$n^3$、$2^n$、$n!$，并假定在计算机 $C_1$ 和 $C_2$ 上运行这些算法，其中 $C_2$ 的速度是 $C_1$ 的 10 倍。若这些算法在 $C_1$ 上运行时间为 $T$，可处理的输入规模为 $n$；在 $C_2$ 机上运行同样时间，可处理的输入规模扩大为 $m$，则对不同时间复杂度的算法，计算机速度提高后可处理的规模 $m$ 和 $n$ 的关系如表 1.4 所示。

表 1.4　计算机速度提高后，不同算法复杂度求解规模的扩大情况

| 算法 | $A_1$ | $A_2$ | $A_3$ | $A_4$ | $A_5$ | $A_6$ |
|---|---|---|---|---|---|---|
| 时间复杂度 | $n$ | $n\log n$ | $n^2$ | $n^3$ | $2^n$ | $n!$ |
| $m$ | $10n$ | $8.38n$ | $3.16n$ | $2.15n$ | $n+3.3$ | $n$ |

衡量两个算法的好坏，应当是在 $n$ 足够大的情形下对算法的工作量进行比较。由表 1.4 可见，当计算机速度提高 10 倍后，算法 $A_1$ 的求解规模可扩大 10 倍，而算法 $A_5$ 只有微小增加，$A_6$ 基本不变。时间复杂度为 $2^n$ 或 $n!$ 这类算法，用提高计算机的速度来扩大它们的求解规模，其效果是微乎其微的。

### 1.2.5　运行时间的上界（O 记号）

一般情况下，算法运行时间主要取决于问题的规模，对于足够大的输入，算法运行时间表达式里的那些常数、低阶项、高阶项的系数等，可以忽略不计。为了表示算法的渐进有效性，引入渐进符号以便表示算法的运行时间与输入规模之间的主要关系，即用渐进时间复杂度来衡量算法的好坏。

当我们进行算法分析时，可以利用数学符号对算法的复杂度进行描述：O 表示法、$\Omega$ 表示法和 $\Theta$ 表示法。这些表示法可以方便地表示算法的计算复杂度。

定义：若存在两个正的常数 $c$ 和 $n_0$，对于任意 $n \geq n_0$，都有 $T(n) \leq cf(n)$，则称 $T(n) = O(f(n))$，如图 1.6 所示。

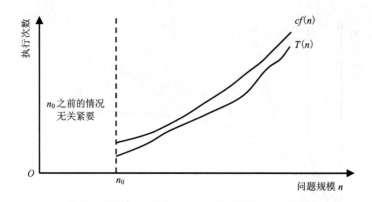

图 1.6　运行时间上界

定理：如果 $\lim\limits_{n\to\infty}\dfrac{f(n)}{g(n)}$ 存在，且 $\lim\limits_{n\to\infty}\dfrac{f(n)}{g(n)}\neq\infty$，则必有 $f(n)=O(g(n))$。

上述定理的含义是：$f(n)$ 的增长最多像 $g(n)$ 的增长那样快，或 $f(n)$ 的阶不高于 $g(n)$ 的阶。称 $O(g(n))$ 是 $f(n)$ 的上界。

看下面几个例子：

（1）$10n=O(n)$。

存在 $c=11$，当 $n\geqslant1$ 时，有 $10n\leqslant11n$，所以 $10n=O(n)$。

（2）$10n^2+11n-12=O(n^2)$。

存在 $c=11$，当 $n\geqslant10$ 时有 $10n^2+11n-12\leqslant11n^2$，所以有 $10n^2+11n-12=O(n^2)$。

（3）百钱买百鸡问题的第二个算法：

$$T_2(n)\leqslant\frac{19}{15}n^2+\frac{161}{15}n+28$$

取 $n_0=28$，对 $\forall n\geqslant n_0$，有

$$
\begin{aligned}
T_2(n) &\leqslant \frac{19}{15}n^2+\frac{161}{15}n+n \\
&= \frac{19}{15}n^2+\frac{176}{15}n \\
&\leqslant \frac{19}{15}n^2+\frac{176}{15}n^2 \\
&= 13n^2
\end{aligned}
$$

设 $c=13$，并令 $g(n)=n^2$，有

$$T_2(n)\leqslant cn^2=cg(n)$$

或者

$$\lim_{n\to\infty}\frac{T_2(n)}{n^2}=\frac{19}{15}\neq0$$

$$T_2(n)=O(g(n))=O(n^2)$$

所以，$T_2(n) = O(g(n)) = O(n^2)$。这说明，百钱买百鸡问题的第二个算法，其运行时间的增长最多像 $n^2$ 那样快。

O 记号表示上界，通常用来表示算法最坏情况下运行时间的上界，这是对任意输入来说的。比如，对于插入排序，对于任意输入情况，包括杂乱无序的情况，其运行时间的上界是 $O(n^2)$。但对于已经排好序的这种特例，运行时间为 $O(n)$。

### 1.2.6 运行时间的下界（Ω 记号）

定义：若存在两个正的常数 $c$ 和 $n_0$，对于任意 $n \geq n_0$，都有 $T(n) \geq cg(n)$，则称 $T(n) = \Omega(g(n))$，如图 1.7 所示。

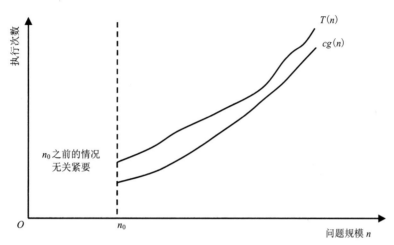

图 1.7　运行时间下界

定理：如果 $\lim_{n \to \infty} \dfrac{f(n)}{g(n)}$ 存在，且 $\lim_{n \to \infty} \dfrac{f(n)}{g(n)} \neq 0$，则必有 $f(n) = \Omega(g(n))$。

上述定理的含义是：$f(n)$ 的增长至少像 $g(n)$ 的增长那样快，或 $f(n)$ 的阶不低于 $g(n)$ 的阶。表示解一个特定问题的任何算法的时间下界。

例：$n = \Omega(n^{1/2})$。

因为存在 $c=1$，$n \geq 1$ 时，使得 $1 \times n^{1/2} \leq n$。

Ω 记号表示下界，通常用来表示算法最好情况下运行时间的下界，这是对任意输入来说的。

百鸡问题的第 2 个算法第 8~11 行，仅在条件成立时才执行，其执行次数未知。假定条件都不成立，这些语句一次也没有执行，该算法的执行时间至少为

$$T_2(n) \geq 1+2+2+1+2(n/5+1)+n/5+1+2(n/5+1)(n/3+1)+(3+10)(n/5+1)(n/3+1)$$

$$= n^2 + \frac{43}{5}n + 24$$

$$\geq n^2$$

当取 $n_0 = 1$ 时，$\forall n \geq n_0$，存在常数 $c=1$，$g(n) = n^2$，使得

$$T_2(n) \geq n^2 = cg(n)$$

或者

$$\lim_{n \to \infty} \frac{T_2(n)}{n^2} = 1 \neq 0$$

$$T_2(n) = \Omega(g(n)) = \Omega(n^2)$$

这时，就认为百鸡问题的第 2 个算法的运行时间是 $\Omega(n^2)$，它表明了这个算法的运行时间的下界。在一般情况下，当输入规模等于或大于某个阈值 $n_0$ 时，算法运行时间的下界是某一个正常数 $g(n)$ 倍，就称算法的运行时间至少是 $\Omega(g(n))$。

通过以上定义和定理的描述，我们可以看出 O 记号、Ω 记号的性质：

（1） $O(f(n)) + O(g(n)) = O(\max\{f(n), g(n)\})$。

（2） $O(f(n)) + O(g(n)) = O(f(n) + g(n))$。

（3） $O(f(n))O(g(n)) = O(f(n)g(n))$。

（4） $O(cf(n)) = O(f(n))$。

（5） $f(n) = O(g(n))$，且 $g(n) = O(h(n))$，则 $f(n) = O(h(n))$。

（6） $f(n) = \Omega(g(n))$，且 $g(n) = \Omega(h(n))$，则 $f(n) = \Omega(h(n))$。

（7） $\Omega(f(n)) + \Omega(g(n)) = \Omega(\max\{f(n), g(n)\})$。

### 1.2.7 运行时间的准确界（Θ 记号）

定义：若存在三个正的常数 $c_1$、$c_2$ 和 $n_0$，对于任意 $n \geq n_0$ 都有 $c_1 f(n) \geq T(n) \geq c_2 f(n)$，则称 $T(n) = \Theta(f(n))$，如图 1.8 所示。

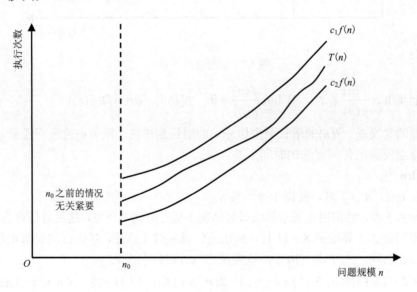

图 1.8　运行时间准确界

定理：如果 $\lim_{n \to \infty} \frac{f(n)}{g(n)}$ 存在，且 $\lim_{n \to \infty} \frac{f(n)}{g(n)} = c$，则必有 $f(n) = \Theta(g(n))$。

上述定理的含义是：$f(n)$ 与 $g(n)$ 同阶。

百鸡问题的第 2 个算法，运行时间的上界是 $13n^2$，下界是 $n^2$，也就是说不管输入规模如何变化，该算法的运行时间都介于 $13n^2$ 和 $n^2$ 之间。这时，用记号 $\Theta$ 来表示这种情况，认为这个算法的运行时间是 $\Theta(n^2)$。$\Theta$ 记号表明算法的运行时间有一个较准确的界。

看下面几个例子：

（1）常函数 $f(n) = 10$。

令 $n_0 = 0$，$c=10$，使得对 $g(n) = 1$，对所有的 $n$，有

$$f(n) \leqslant 10 \times 1 = cg(n) \rightarrow f(n) = O(g(n)) = O(1)$$
$$f(n) \geqslant 10 \times 1 = cg(n) \rightarrow f(n) = \Omega(g(n)) = \Omega(1)$$
$$cg(n) \leqslant f(n) \leqslant cg(n) \rightarrow f(n) = \Theta(1)$$

（2）线性函数 $f(n) = 10n+5$。

令 $n_0 = 0$，当 $n \geqslant n_0$ 时，有 $c_1 = 9$，$g(n) = n$，使得

$$f(n) \geqslant 9n = c_1 g(n) \rightarrow f(n) = \Omega(g(n)) = \Omega(n)$$

令 $n_0 = 5$，当 $n \geqslant n_0$ 时，有 $c_2 = 11$，$g(n) = n$，

$$f(n) \leqslant 10n+n = 11n = c_2 g(n)$$
$$\rightarrow f(n) = O(g(n)) = O(n)$$

同时，有

$$c_1 g(n) \leqslant f(n) \leqslant c_2 g(n)$$
$$\rightarrow f(n) = \Theta(n)$$

（3）函数 $f(n) = 10n^2 + 10n + 10$。

当 $n \geqslant 1$ 时，

$$10n^2 + 10n + 10 \leqslant 10n^2 + 10n + n = 10n^2 + 11n \leqslant 10n^2 + 11n^2 \leqslant 21n^2 = O(n^2)$$

当 $n \geqslant 1$ 时，$10n^2 + 10n + 10 \geqslant 10n^2 = \Omega(n^2)$。

则当 $n \geqslant 1$ 时，$21n^2 \geqslant 10n^2 + 10n + 10 \geqslant 10n^2$。

则 $10n^2 + 10n + 10 = \Theta(n^2)$。

由以上分析我们可以知道：设 $f(n) = a_k n^k + a_{k-1} n^{k-1} + \ldots + a_1 n + a_0$，如果 $f(n) = O(n^k)$，且 $f(n) = \Omega(n^k)$，则 $f(n) = \Theta(n^k)$。

（4）指数函数 $f(n) = 2^n + n^2$。

令 $n_0 = 0$，当 $n \geqslant n_0$ 时，有 $c_1 = 1$，$g(n) = 2^n$，使

$$f(n) \geqslant 2^n = c_1 g(n) \rightarrow f(n) = \Omega(g(n)) = \Omega(2^n)$$

令 $n_0 = 4$，当 $n \geqslant n_0$ 时，有 $c_2 = 2$，$g(n) = 2^n$，

$$f(n) \leqslant 2^n + 2^n \leqslant 2 \times 2^n = c_2 g(n) \rightarrow f(n) = O(g(n)) = O(2^n)$$

同时，有：

$$c_1 g(n) \leqslant f(n) \leqslant c_2 g(n) \rightarrow f(n) = \Theta(2^n)$$

（5）对数函数 $f(n) = \log n^2$。

因为 $\log n^2 = 2 \log n$，

令 $n_0 = 1$，$c_1 = 1$，$c_2 = 3$，$g(n) = \log n$，有

$$c_1 g(n) \leqslant 2 \log n \leqslant c_2 g(n) \rightarrow f(n) = \Theta(\log n)$$

也就是说，对任何一个正的常数，都有

$$\log n^k = \Theta(\log n)$$

# 1.3　算法的空间复杂度

算法在计算机上占用的空间一般包括三部分：程序代码所占用的空间；输入输出数据所占用的空间；辅助变量所占用的空间。程序代码所占用的空间取决于算法本身的长短；输入输出数据所占用的空间取决于要解决的问题本身，和算法无关；辅助变量所占用的空间是算法运行过程中临时占用的存储空间，如动态分配的空间、递归算法中堆栈所需要的空间等，这部分空间的大小与算法有关。

算法的空间复杂度，指的是一个算法在运行过程中临时占用的存储空间大小。可以用问题规模 $n$ 的函数来表达，我们用 $S(n)$ 表示空间复杂度，则

$$S(n)=O(f(n))$$

其中 $n$ 为问题的规模，$f(n)$ 表示算法所需的存储空间。

如线性搜索算法 linear_search（只分配一个存储单元存放搜索结果的下标）、二分搜索算法 binary_search（需要存储 mid、low、high 及 $j$ 的值），空间复杂度是 $O(1)$。

**例 1**　线性搜索算法。

输入：给定 $n$ 个已排好序的元素的数组 $A[]$、待搜索的元素 $x$。

输出：若 $x = A[j]$，$0 \leqslant j \leqslant n-1$，输出 $j$，否则输出-1。

```c
int linear_search(int A[],int n,int x)
{   int j = 0;
    while (j<n && x!=A[j])
        j++;
    if ((j<n)&&(x==A[j]))
        return j;
    else
        return -1;
}
```

**例 2**　二分搜索算法。

输入：给定 $n$ 个已排好序的元素的数组 $A[]$、待搜索的元素 $x$。

输出：若 $x = A[j]$，$0 \leqslant j \leqslant n-1$，输出 $j$，否则输出-1。

```c
int binary_search(int A[],int n,int x)
{   int mid,low = 0,high = n - 1,j = -1;
    while (low<=high && j<0)
    {   mid = (low + high) / 2;
        if (x==A[mid])    j = mid;
        else if (x<A[mid]) high = mid -1;
        else low = mid + 1;
    }
    return j;
}
```

# 1.4 NP 类 问 题

现在来回顾表 1.4 列出的计算机速度提高后，不同算法复杂度求解规模的扩大情况。从表 1.4 可以看出，算法 $A_1$、$A_2$、$A_3$、$A_4$，问题的规模 $n$ 出现在时间复杂度的底数位置上，随着计算机速度的提高，可使解题规模常数倍数增加，我们称之为多项式时间算法。算法 $A_5$ 和算法 $A_6$，随着计算机速度的提高，不能扩大求解规模，我们称之为指数时间算法。一般把能够用多项式时间算法来求解的问题称为 P 类问题（Polynomial Problem，多项式问题）；而用多项式时间算法求解的可能性非常微小，但是对于任何答案都能在多项式时间内验证该答案是否正确的问题称为 NP 类问题（Non-deterministic Polynomial Problem，非确定性多项式问题）。因此，P 类问题是 NP 问题的子集，因为存在多项式时间解法的问题，总能在多项式时间内验证它。前面我们所举的例子里的货郎担问题就是一个 NP 类问题。

# 习 题

1．什么是算法？算法的性质有哪些？算法与程序的区别是什么？

2．按照渐近阶由高到低的顺序排列：$16n^2$，$\log n$，$3^n$，$10n$，$n^{2/3}$。

3．讨论 $O(1)$ 和 $O(2)$ 的区别。

4．A 公司的处理器运行速度为 B 公司同类产品的 729 倍。对于计算复杂度分别为 $n$，$n^2$，$n^3$ 和 $n!$ 的各算法，若用 B 公司的计算机在 1 小时内能解决输入规模为 $n$ 的问题，问用 A 公司的计算机在 1 小时内分别能解输入规模多大的问题？

5．给出求素数的两种不同方法，并分析所给的哪种方法更好。

6．统计求数组中最大元素、最小元素的平均比较次数。

7．分析下面算法完成什么功能？该算法所执行的加法次数和乘法次数分别是多少？

（1）
```
int s1(int n)
{   int ss = 0;
    for (int i = 1; i <= n; i++)
    ss = ss + i * i;
    return ss;
}
```
（2）
```
int s2(int n)
{   if (n == 1)
    return 1;
    else
    return s2(n-1) + 2 * n - 1;
}
```

8．假设某算法在输入规模为 $n$ 时的计算时间为 $T(n)=3\times 2^n$。在某台计算机上实现并完成该算法的时间为 $t$ 秒。现有另外一台计算机，其运行速度为第一台计算机的 64 倍，那么在这台新机器上用同一算法在 $t$ 秒内能解输入规模为多大的问题？若上述算法的计算时间改进为 $T(n)=n^2$，其余条件不变，则在新机器上用 $t$ 秒时间能解输入规模多大的问题？若上述算法的计算时间进一步改进为 $T(n)=8$，其余条件不变，那么在新机器上用 $t$ 秒时间能解输入规模多大的问题？

9．下面的算法片段用于确定 $n$ 的初始值（冰雹猜想），试分析该算法片段所需计算时间的上界和下界。

```
while(n>1)
    if(odd(n))
        n=3*n+1;
    else
        n=n/2;
```

10．某公司面试题：现有 64 匹马，8 个跑道，问最少跑几个回合能够选出最快的 4 匹马？假设每匹马每次跑的速度都一样，你能分析一下该算法的时间复杂度吗？

# 第 2 章 递 归

**本章学习重点：**

● 理解递归的概念。
● 掌握递归算法的设计方法。
● 理解递推方程的求解方法。

递归作为一种算法在程序设计语言中被广泛应用，是一个过程或函数在其定义或说明中有直接或间接调用自身的一种方法，只需少量的程序就可描述出解题过程所需要的多次重复计算，大大地减少了程序的代码量。

## 2.1 递 归 算 法

先来看一个大家比较熟悉的故事：从前有座山，山上有座庙，庙里有个老和尚在给小和尚讲故事，老和尚讲的是，从前有座山，山上有座庙，庙里有个老和尚在给小和尚讲故事，老和尚讲的是，从前有座山，……我们把这种直接或间接地调用自身的算法定义为递归算法；直接或间接地调用函数本身的函数称为递归函数。所谓直接调用，也就是在定义 A 函数或 A 算法时又调用了 A；而间接调用是指定义 A 函数或 A 算法时调用了 B，而在 B 的定义中又调用了 A。老和尚讲故事的递归过程用递归算法描述如下：

```
void bonze-tell-story ()
{if (讲话被打断)
    { 故事结束；return；}
    从前有座山，山上有座庙，庙里有个老和尚在给小和尚讲故事；
    bonze-tell-story();
}
```

递归算法求解问题的基本思想是：对于一个大型且较为复杂的问题，通过层层转化把原问题分解成若干个相似的规模较小的子问题，这样，原问题就可递推得到解。递归的求解过程是分治法应用过程的具体体现。

从上面的老和尚讲故事实例可以看出，递归策略只需少量的程序就可描述出解题过程所需要的多次重复计算，大大地减少了程序的代码量，用递归思想写出的程序往往十分简洁易懂。同时也可以看出递归算法存在的两个必要条件：

（1）必须有递归的终止条件，如老和尚的故事一定要在某个时候被打断，否则该问题将成为一个无法结束的问题。

（2）递归过程的描述中包含它本身。

递归是一种非常有用的程序设计技术。当一个问题蕴含递归关系且结构比较复杂时，采用递归算法往往比较自然、简洁、容易理解。

使用递归要注意以下几点：

（1）递归就是在过程或函数里调用自身。

（2）在使用递归策略时，必须有一个明确的递归结束条件，称为递归出口。

下面看几个典型的递归例子。

**例1** 阶乘函数。

阶乘函数是我们在学习 C 语言时就接触到的函数，比较简单，定义为

$$n! = \begin{cases} 1, & n = 0 \\ n(n-1)!, & n > 0 \end{cases}$$

定义式的左右两边都引用了阶乘记号，是一个递归定义式。第一个式子定义了递归函数的初始值，又叫终止条件，第二个式子给出了描述该函数的递归方程。

通过阶乘函数的定义，我们可以看出，终止条件和递归方程是递归函数的两个要素，递归函数只有具备了这两个要素，才能在有限次计算后得出结果。该函数的算法描述如下：

```
int fac(int n)
{ if (n ==0) return 1;
      return n*fac(n-1);
}
```

**例2** 用递归策略求 1+2+3+…+n 的和。

上述求和公式的递归式可以定义为

$$s(n) = \begin{cases} 1, & n = 1 \\ n + s(n-1), & n \geqslant 2 \end{cases}$$

该函数的算法可以描述如下：

```
int sumn(int n)
{ if (n ==1) return 1;
      return n+sumn(n-1);
}
```

**例3** 斐波那契（Fibonacci）数列。

斐波那契数列，又称黄金分割数列，因数学家莱昂纳多·斐波那契以兔子繁殖为例子而引入，故又称为"兔子数列"，该数列描述如下：假设第一个月初有一对刚诞生的兔子，兔子在出生两个月后，就有繁殖能力，一对兔子每个月能生出一对小兔子来，如果所有兔子都不死，那么一年以后可以繁殖多少对兔子？斐波那契数列指的是这样一个数列：1，1，2，3，5，8，13，21，34，55，…。这个数列从第三项开始，每一项都等于前两项之和。它可以递归地定义为：

$$F(n) = \begin{cases} 1, & n = 0 \\ 1, & n = 1 \\ F(n-1) + F(n-2), & n > 1 \end{cases}$$

根据斐波那契数列的递归表达式，可以对其递归算法描述如下：

```
int fibonacci(int n)
{     if (n <= 1) return 1;
      return fibonacci(n-1)+fibonacci(n-2);
}
```

现实生活中可以见到很多斐波那契螺旋线（根据斐波那契数列画出来的螺旋曲线）的影子，如菠萝、树叶的排列、向日葵花的花瓣数、蜂巢、蜻蜓翅膀、黄金分割、等角螺线等，如图 2.1 所示。

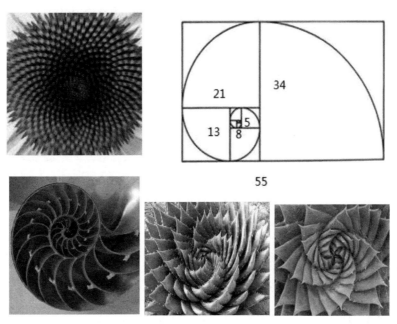

图 2.1　自然界中的斐波那契螺旋线

**例 4**　杨辉三角。

杨辉三角，又称贾宪三角，如图 2.2 所示，在中国南宋数学家杨辉 1261 年所著的《详解九章算法》一书中提到了该问题，并注明"贾宪用此术"，这就是著名的"杨辉三角"，是二项式系数在三角形中的一种几何排列。

```
                    1                           n=1
                1       1                       n=2
            1       2       1                   n=3
        1       3       3       1               n=4
    1       4       6       4       1           n=5
  1     5      10      10      5       1         n=6
1     6     15      20      15      6      1     n=7
```

图 2.2　杨辉三角

杨辉三角具有以下特点：

（1）各行第一个数和最后一个数都是 1。

（2）从第 3 行起，除第一个数和最后一个数外，其他位置的数都等于它肩上两个数之和。

计算杨辉三角第 $n$ 行第 $r$ 列数的递归算法描述如下：

```
int yhdg (int n, int r)
{//n 代表行数，r 代表列数
```

```
        int res;
        if (n == 1 && r == 1)//设定第一行第一列数为1
            res = 1;
        else res = yhdg (n - 1, r) + yhdg (n - 1, r - 1);
        return res;
    }
```

以上 4 个例子都是比较简单的表达式的递归算法实例。下面看一个递归式构建略难的例子。

**例5** 整数划分问题。

将正整数 $n$ 表示成一系列正整数之和：$n=n_1+n_2+...+n_k$，其中 $n_1 \geq n_2 \geq ... \geq n_k \geq 1$，$k \geq 1$。正整数 $n$ 的这种表示方法称为正整数 $n$ 的划分。求正整数 $n$ 的不同划分个数。

例如正整数 4 有如下 5 种不同的划分：

4

3+1

2+2，2+1+1

1+1+1+1

正整数 5 有如下 7 种不同的划分：

5

4+1

3+2，3+1+1

2+2+1，2+1+1+1

1+1+1+1+1

设 $q(n)$ 为正整数 $n$ 的划分个数，其递归式比较难以构建，因此，我们增加一个自变量 $m$，将最大加数 $n_1$ 不大于 $m$ 的划分个数记作 $q(n,m)$，可以通过以下分析建立 $q(n,m)$ 的递归关系。

（1）当 $m=1$ 时，$q(n,1)=1$。

当最大加数 $n_1$ 不大于 1 时，就是所有加数都是 1，任何正整数 $n$ 只有一种划分形式，即 $n=\overbrace{1+1+...+1}^{n}$。

（2）当 $m \geq n$ 时，$q(n,m)=q(n,n)$。

比如求 5 的最大加数不大于 6 的划分个数 $q(5,6)$，因为最大加数 $n_1$ 实际上不能大于 $n$，因此 $q(n,m)=q(n,n)$。而且我们可以推出 $q(1,m)=1$，也就是正整数 1 的划分个数为 1。

（3）当 $m=n$ 时，$q(n,n)=1+q(n,n-1)$。

比如求 5 的划分个数，我们可以用以下方式求解：划分出来的最大加数包括 5 和划分出来的最大加数不包括 5 两种，也就是说正整数 $n$ 的划分由最大加数 $n_1=n$ 的划分和最大加数 $n_1 \leq n-1$ 的划分组成。而对于正整数 5 来说，划分出来的最大加数为 5 的时候只有 1 种情况，所以有 $q(n,n)=1+q(n,n-1)$。

（4）当 $m<n$ 时，$q(n,m)=q(n-m,m)+q(n,m-1)$。

由第（3）种情况的分析可知，当 $m<n$ 时，正整数 $n$ 的最大加数 $n_1$ 不大于 $m$ 的划分由最大加数 $n_1=m$ 的划分和最大加数 $n_1 \leq m-1$ 的划分组成。$n_1 \leq m-1$ 的划分即为 $q(n,m-1)$，下面分析 $n_1=m$ 的划分的表达式。

用正整数 5 的划分例子 $q(5,3)$ 进行分析。当最大加数等于 3 的时候，5 可以表示为 3+2 和

3+1+1，因为 3 是固定的，我们只需要求出 5-3=2 在最大加数不大于 3 时的划分个数即可。也就是说，当最大加数为 *m* 时，我们只需要求出 *q(n-m,m)* 即可。因此，当 *m*<*n* 时，*q(n,m)= q(n-m,m)*+ *q(n,m-1)*。

综上所述，正整数 *n* 的最大加数不大于 *m* 的划分递归式如下：

$$q(n,m)=\begin{cases} 1, & n=1,m=1 \\ q(n,n), & n<m \\ 1+q(n,n-1), & n=m \\ q(n,m-1)+q(n-m,m), & n>m>1 \end{cases}$$

根据上述递归表达式，可以对其递归算法描述如下：

```
int maxsum(int n,m)
{   if (n == 1||m==1) return 1
    else if (n <m) return maxsum(n,n)
        else if (n ==m) return 1+maxsum(n,n-1)
            else return maxsum(n,m-1)+maxsum(n-m,m);
}
```

**例 6**　汉诺塔问题。

汉诺塔问题，又称河内塔问题，源于印度一个的古老传说：上帝创造世界的时候做了三根金刚石柱子，在一根柱子上从下往上按大小顺序摆着 64 片黄金圆盘。上帝命令婆罗门把圆盘从下面开始按大小顺序重新摆放在另一根柱子上。并且规定，在小圆盘上不能放大圆盘，在三根柱子之间一次只能移动一个圆盘。当所有盘子移动完毕后，世界将在一声霹雳后消失。

汉诺塔问题的描述是，设有 3 根标号为 A，B，C 的柱子，在 A 柱子上放着 *n* 个盘子，每一个都比下面的略小一点，要求把 A 柱子上的盘子全部移到 C 柱子上，移动的规则是：①一次只能移动一个盘子；②移动过程中大盘子不能放在小盘子上面；③在移动过程中盘子可以放在 A，B，C 的任意一个柱子上，如图 2.3 所示。

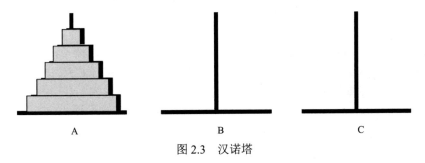

图 2.3　汉诺塔

对于该问题，直接写出求解过程的每一步比较难，但是我们可以用递归思想来解决此问题，递归思路如下：

当 *n*=1 时，A 柱子上只有 1 个圆盘，将该盘子从 A 柱子直接移到 C 柱子上即可；

当 *n*>1 时，就需要借助另外一根柱子来移动。如图 2.4 所示，将 *n* 个圆盘由 A 柱子移到 C 柱子上可以分解为以下几个步骤：

（1）将 A 柱子上的上面 *n*-1 个圆盘借助 C 柱子移到 B 柱子上。

（2）把 A 柱子上剩下的 1 个圆盘从 A 柱子移到 C 柱子上。

（3）最后将剩下的 *n*-1 个圆盘用上述同样的思路借助 A 柱子从 B 柱子移到 C 柱子上。

步骤（1）和（3）与整个任务类似，但涉及的圆盘只有 *n*-1 个了，这是一个典型的递归算法。

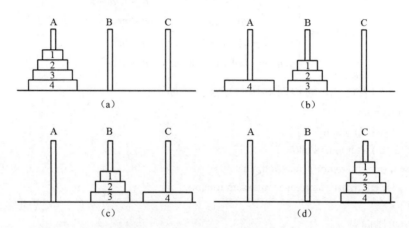

图 2.4　递归求解汉诺塔问题

假定 A 柱子上有 3 张圆盘，按照规则将这 3 张圆盘移动到 C 柱子上，需要经历的最少的步骤有：A→C、A→B、C→B、A→C、B→A、B→C、A→C。

汉诺塔问题的递归算法可以描述如下：

```
template<class Type>
void hanoi(int n, int a, int b, int c)
    {if (n > 0)
        {   hanoi(n-1, a, c, b);
            move(a,c);
            hanoi(n-1, b, a, c);
        }
    }
```

上述算法中，hanoi(n-1,a,c,b)表示 A 柱子上的 *n*-1 个圆盘借助 C 柱子移到 B 柱子上，叠放顺序不变；move(a,c)表示把 A 柱子上剩下的 1 个圆盘从 A 柱子移到 C 柱子上；hanoi(n-1, b, a, c)表示剩下的 *n*-1 个圆盘借助 A 柱子从 B 柱子移到 C 柱子上。

假定 *n* 是圆盘的数量，*h*(*n*)是移动 *n* 个圆盘的移动次数。

当 *n*=1 时，*h*(1)=1；当 *n*=2 时，*h*(2)=2*h*(1)+1；当 *n*=3 时，*h*(3)=2*h*(2)+1。

依此类推，汉诺塔问题的递归表达式为

$$h(n) = \begin{cases} 2h(n-1)+1, & n>1 \\ 1, & n=1 \end{cases}$$

当 *n*=64 时，移动次数为 $2^{64}-1$。即如果一秒钟能移动一块圆盘，仍将需 $2^{64}-1=5845.54$ 亿年。目前按照宇宙大爆炸理论推测，宇宙的年龄也仅为 137 亿年。

汉诺塔算法以递归的形式给出，但是每个圆盘的具体移动方式并不清楚，很难用手工移动进行模拟，但是这个算法的思想容易理解。这也是递归算法的优点：结构清晰，可读性强，而且容易用数学归纳法来证明算法的正确性，因此它给设计算法、调试程序带来很大方便。

任何一个算法在调用其他算法时，计算机需要提前完成三项工作：将所有需要的实参、返回地址等参数传递给被调用算法；为被调用算法开辟存储空间；将程序的执行转移到被调用算法入口。相应地，在从被调用算法返回时也需要完成三项工作：保存被调用算法的计算结果；释放被调用算法占用空间；按照保存的返回地址将程序的执行转移到调用算法。汉诺塔算法在执行过程中需要多次调用自身，多个算法嵌套调用时遵循"后调用先返回"的原则，因此我们可以借助堆栈来解决此类问题。这也是递归算法的缺点：很多计算都是重复的，调用栈可能会溢出，运行效率较低，无论是耗费的计算时间还是占用的存储空间都比非递归算法要多。

假设汉诺塔问题中 $n$ 的个数为 3，调用该算法的初始函数为 hanoi(3,A,B,C)，我们简记为 $H(3,A,B,C)$，定义堆栈为 Stack，根据算法描述，求解汉诺塔问题 $H(3,A,B,C)$ 时堆栈的变化过程见表 2.1。

表 2.1　求 $H(3,A,B,C)$ 时堆栈的变化过程

| 步骤 | $n$ | a | b | c | 操作 |
|---|---|---|---|---|---|
| 1 | 3 | A | B | C | 进栈 |
| 2 | 2 | A | C | B | 进栈 |
| 3 | 1 | A | B | C | 进栈 |
| 4 | 0 | A | C | B | 进栈 |
| 5 | | | | | 出栈，A→C |
| 6 | 0 | B | A | C | 进栈 |
| 7 | | | | | 出栈 |
| 8 | | | | | 出栈，A→B |
| 9 | 1 | C | A | B | 进栈 |
| 10 | 0 | C | B | A | 进栈 |
| 11 | | | | | 出栈，C→B |
| 12 | 0 | A | C | B | 进栈 |
| 13 | | | | | 出栈 |
| 14 | | | | | 出栈 |
| 15 | | | | | 出栈，A→C |
| 16 | 2 | B | A | C | 进栈 |
| 17 | 1 | B | C | A | 进栈 |
| 18 | 0 | B | A | C | 进栈 |
| 19 | | | | | 出栈，B→A |
| 20 | 0 | C | B | A | 进栈 |
| 21 | | | | | 出栈 |

| 步骤 | $n$ | a | b | c | 操作 |
|------|-----|---|---|---|------|
| 22 | | | | | 出栈，B→C |
| 23 | 1 | A | B | C | 进栈 |
| 24 | 0 | A | C | B | 进栈 |
| 25 | | | | | 出栈，A→C |
| 26 | 0 | B | A | C | 进栈 |
| 27 | | | | | 出栈 |
| 28 | | | | | 出栈 |
| 29 | | | | | 出栈 |
| 30 | | | | | 出栈 |

## 2.2 求解递归方程

递归算法的重点就是递归式（递归方程）的构造，递归算法的执行时间与递归式也息息相关。求解递归方程的方法比较多，我们介绍常用的4种方法：迭代法、差消法、递归树法、主定理法。

### 2.2.1 迭代法

迭代法也称之为递推法，一般用于一阶递归方程，该方程比较简单。所谓迭代，就是对递归方程不断用其等号右部分公式替换等号左部分，通过一步步递推找到求解方程的规律。

**例1** 汉诺塔问题的递归方程为

$$T(n) = \begin{cases} 2T(n-1)+1, & n>1 \\ 1, & n=1 \end{cases}$$

解上述方程：

$$\begin{aligned} T(n) &= 2T(n-1)+1 \\ &= 2(2T(n-2)+1)+1 \\ &= 2^2 T(n-2)+2+1 \\ &= 2^3 T(n-3)+2^2+2+1 \\ &= \dots \\ &= 2^{n-1}T(1)+2^{n-2}+\dots+2+1 \\ &= 2^{n-1}+2^{n-2}+\dots+2+1 \\ &= 2^n-1 \end{aligned}$$

下面对上述求得的解进行验证。

$n=1$ 时，$T(1)=2^1-1=1$，与给定初值符合。

假设对于 $n$ 有 $T(n) = 2^n - 1$，则

$$T(n+1) = 2T(n) + 1 = 2(2^n - 1) + 1 = 2^{n+1} - 1$$

说明 $h(n) = 2^n - 1$ 是原递归方程的解。

如果直接迭代不方便时，可以应用换元迭代法。

**例 2** $\begin{cases} a_n^2 = 2a_{n-1}^2 + 1, & a_n \geqslant 0 \\ a_0 = 2 \end{cases}$

解上述方程：

设 $b_n = a_n^2$，代入原递归方程，则有

$$\begin{cases} b_n = 2b_{n-1} + 1 \\ b_0 = 4 \end{cases}$$

最终求得 $b_n = 5 \times 2^n - 1$，$a_n = \sqrt{5 \times 2^n - 1}$。

下面对上述求得的解进行验证。

$n=0$ 时，$a_0 = \sqrt{5 \times 2^0 - 1} = 2$，与给定初值符合。

假设对于 $n$ 有 $a_n^2 = 5 \times 2^n - 1$，则

$$a_{n+1}^2 = 2a_n^2 + 1 = 2 \times (5 \times 2^n - 1) + 1 = 5 \times 2^{n+1} - 1$$

说明 $a_n = \sqrt{5 \times 2^n - 1}$ 是原递归方程的解。

### 2.2.2 差消法

迭代法一般适用于一阶的递归方程，二阶及其以上的情况，即递归方程等号左部分求解时不仅仅依赖于当前项的前一项，而是依赖于很多项，如果用直接迭代，会导致迭代后的项太多，使得递归方程更为复杂，此时可以使用差消法，将高阶递归方程化简为一阶递归方程再进行求解。

**例 1**

$$\begin{cases} T(n) = \dfrac{2}{n} \sum_{i=1}^{n-1} T(i) + n - 1, & n \geqslant 2 \\ T(1) = 0 \end{cases}$$

解上述方程，由原方程可得到以下两个方程

$$nT(n) = 2\sum_{i=1}^{n-1} T(i) + n^2 - n$$

$$(n-1)T(n-1) = 2\sum_{i=1}^{n-2} T(i) + (n-1)^2 - (n-1)$$

将两个方程相减可以求得

$$nT(n)-(n-1)T(n-1)=2T(n-1)+2n-2$$

化简得到

$$nT(n)=(n+1)T(n-1)+2n-2$$

将上述方程左右各除以 $n(n+1)$，可以得到

$$\frac{T(n)}{n+1}=\frac{T(n-1)}{n}+\frac{2}{n+1}-\frac{2}{(n+1)n}$$

对上述方程进行迭代，可以求得

$$\frac{T(n)}{n+1}=\frac{2}{n+1}+\frac{2}{n}+\frac{2}{n-1}+...+\frac{T(1)}{2}-O(n)$$

$$=2\left(\frac{1}{n+1}+\frac{1}{n}+...+\frac{1}{3}\right)-O(n)$$

括号内为调和级数，它的和约等于 $\ln n$，因此 $T(n)=O(n\log n)$。

### 2.2.3 递归树法

递归树法可用于求解递归方程，递归树是一棵二叉树，是迭代过程的图像描述。

**例1** 下面以汉诺塔问题的递归方程为例说明递归树的构造过程。递归方程为

$$T(n)=\begin{cases}2T(n-1)+1, & n>1\\1, & n=1\end{cases}$$

该递归方程的递归树生成过程与迭代过程一致，初始只有 1 个根结点，其值为 $T(n)$，然后不断进行迭代，重复以下过程：将权写在递归树的结点上，如 $T(n)$、$T(n-1)$、$T(n-2)$等不断用和这个函数相等的递推方程等号右部分的二层子树来替代，直到树中没有函数项为止。随着迭代的进行，递归树的层数越来越多，直到树叶都变成 $T(1)=1$。由图 2.5 可知，递归树中所有层数的全部结点的权值的和不变，等于 $T(n)$。

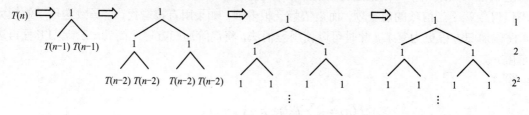

图 2.5　递归树

上述递归树第 1 层的问题规模为 $n$，第 2 层的问题规模为 $n-1$，第 3 层的问题规模为 $n-2$，依此类推，第 $i$ 层的问题规模为 $n-(i-1)$，到第 $n$ 层时的问题规模为 $n-(n-1)=1$，因此，递归树的高度为 $n$ 层。第 1 层有 1 个结点，其时间总和为 1，第 2 层有 2 个结点，其时间总和为 2，第 3 层有 4 个结点，其时间总和为 $2^2=4$，依此类推，第 $i$ 层有 $2^{i-1}$ 个结点，其时间总和为 $2^{i-1}$，第 $n$ 层有 $2^{n-1}$ 个结点，其时间总和为 $2^{n-1}$。将递归树每一层的时间加起来，可得

$$T(n)=1+2+4+\cdots+2^{n-1}=2^n-1$$

**例2**　构造下述递归方程的递归树，并分析其时间复杂度。

$$T(n) = \begin{cases} T\left(\dfrac{n}{3}\right) + T\left(\dfrac{2n}{3}\right) + n, & n > 1 \\ 1, & n = 1 \end{cases}$$

递归树如图 2.6 所示。

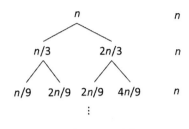

图 2.6　递归树

这棵递归树与例 1 的递归树不同，其叶子结点不在同一层上，从根结点出发，最左边的路径是最短路径，每走一步，问题规模就减少为原问题规模的 1/3；最右边的路径是最长路径，每走一步，问题规模就减少为原问题规模的 2/3。在最坏的情况下，我们考虑最长路径，假设最长路径长度为 $k$，则有

$$n\left(\frac{2}{3}\right)^k = 1 \Rightarrow n = \left(\frac{3}{2}\right)^k \Rightarrow k = \log_{3/2} n$$

因此这棵递归树的最右边路径共有 $\log_{3/2}n$ 层，每一层结点的时间总和都为 $n$，因此总的时间总和为 $n\log_{3/2}n$，其时间复杂度为 $O(n\log n)$。

### 2.2.4　主定理法

主定理法适用于求解如下递归式算法的时间复杂度：

$$T(n) = aT\left(\frac{n}{b}\right) + f(n)$$

其中 $n$ 为问题规模的大小；$a$ 是原问题的子问题个数，$a \geq 1$；$\dfrac{n}{b}$ 是每个子问题的大小，$b>1$；$f(n)$ 为函数。

对上面的递归方程进行分析，可以得到以下三种情况：

（1）若对某些常数 $\varepsilon > 0$，有 $f(n) = O(n^{\log_b a - \varepsilon})$，则 $T(n) = \Theta(n^{\log_b a})$。

（2）若 $f(n) = \Theta(n^{\log_b a})$，则 $T(n) = \Theta(n^{\log_b a} \log n)$。

（3）若对某些常数 $\varepsilon > 0$，有 $f(n) = \Omega(n^{\log_b a + \varepsilon})$，且对某个常数 $c<1$ 和所有足够大的 $n$ 有 $af\left(\dfrac{n}{b}\right) \leq cf(n)$，则 $T(n) = \Theta(f(n))$。

可以用以下方法简记，将 $f(n)$ 与 $n^{\log_b a}$ 比较，两个函数较大者决定递归方程的解：

若 $n^{\log_b a}$ 大，则 $T(n) = \Theta(n^{\log_b a})$；若相等，则 $T(n) = \Theta(n^{\log_b a} \log n)$；若 $f(n)$ 更大，且

$$af\left(\frac{n}{b}\right) \leqslant cf(n) ，则 T(n) = \Theta(f(n)) 。$$

需要注意的是，以上的大小比较，都是渐进意义上的。

下面对上述定理进行证明。

证明：假设 $n = b^k$，则 $k = \log_b n$，且有

$$T(n) = aT\left(\frac{n}{b}\right) + f(n) = a\left[aT\left(\frac{n}{b^2}\right) + f\left(\frac{n}{b}\right)\right] + f(n)$$

$$= a^2 T\left(\frac{n}{b^2}\right) + af\left(\frac{n}{b}\right) + f(n)$$

$$= \ldots$$

$$= a^k T\left(\frac{n}{b^k}\right) + a^{k-1} f\left(\frac{n}{b^{k-1}}\right) + \ldots + af\left(\frac{n}{b}\right) + f(n)$$

$$= a^k T(1) + \sum_{j=0}^{k-1} a^j f\left(\frac{n}{b^j}\right)$$

由换底公式可知，$a^k = a^{\log_b n} = n^{\log_b a}$，设 $T(1) = c_1$，则

$$T(n) = c_1 n^{\log_b a} + \sum_{j=0}^{k-1} a^j f\left(\frac{n}{b^j}\right)$$

递归方程 $T(n)$ 由两部分组成，最终的解由上述公式的哪部分决定？分为以下三种情况：

第一种情况，$f(n) = O(n^{\log_b a - \varepsilon})$，将 $f(n)$ 代入 $T(n)$，得

$$T(n) = c_1 n^{\log_b a} + \sum_{j=0}^{k-1} a^j f\left(\frac{n}{b^j}\right)$$

$$= c_1 n^{\log_b a} + O\left(\sum_{j=0}^{\log_b n - 1} a^j \left(\frac{n}{b^j}\right)^{\log_b a - \varepsilon}\right)$$

$$= c_1 n^{\log_b a} + O\left(n^{\log_b a - \varepsilon} \sum_{j=0}^{\log_b n - 1} \frac{a^j}{(b^{\log_b a - \varepsilon})^j}\right)$$

$$= c_1 n^{\log_b a} + O\left(n^{\log_b a - \varepsilon} \sum_{j=0}^{\log_b n - 1} \frac{a^j}{\left(\dfrac{a}{b^\varepsilon}\right)^j}\right)$$

$$= c_1 n^{\log_b a} + O\left(n^{\log_b a - \varepsilon} \sum_{j=0}^{\log_b n - 1} \left(b^\varepsilon\right)^j\right)$$

$$= c_1 n^{\log_b a} + O\left(n^{\log_b a - \varepsilon} \frac{b^{\varepsilon \log_b n} - 1}{b^\varepsilon - 1}\right)$$

$$= c_1 n^{\log_b a} + O\left(n^{\log_b a - \varepsilon} \frac{b^{\log_b n^\varepsilon} - 1}{b^\varepsilon - 1}\right)$$

$$= c_1 n^{\log_b a} + O\left(n^{\log_b a - \varepsilon} \frac{n^\varepsilon - 1}{b^\varepsilon - 1}\right)$$

$$= c_1 n^{\log_b a} + O(n^{\log_b a - \varepsilon} n^\varepsilon)$$

$$= c_1 n^{\log_b a} + O(n^{\log_b a})$$

$$= \Theta(n^{\log_b a})$$

第二种情况，即 $f(n) = \Theta(n^{\log_b a})$，将 $f(n)$ 代入 $T(n)$，得

$$T(n) = c_1 n^{\log_b a} + \sum_{j=0}^{k-1} a^j f\left(\frac{n}{b^j}\right)$$

$$= c_1 n^{\log_b a} + \Theta\left(\sum_{j=0}^{\log_b n - 1} a^j \left(\frac{n}{b^j}\right)^{\log_b a}\right)$$

$$= c_1 n^{\log_b a} + \Theta\left(n^{\log_b a} \sum_{j=0}^{\log_b n - 1} \frac{a^j}{b^{\log_b a^j}}\right)$$

$$= c_1 n^{\log_b a} + \Theta\left(n^{\log_b a} \sum_{j=0}^{\log_b n - 1} \frac{a^j}{a^j}\right)$$

$$= c_1 n^{\log_b a} + \Theta(n^{\log_b a} \log n)$$

$$= \Theta(n^{\log_b a} \log n)$$

第三种情况，有 3 个条件：

条件 1：$f(n) = \Omega(n^{\log_b a + \varepsilon})$。

条件 2：$af\left(\dfrac{n}{b}\right) \leq cf(n)$。

条件 3：$c < 1$。

利用条件 2 对 $T(n)$ 求解，可得

$$T(n) = c_1 n^{\log_b a} + \sum_{j=0}^{k-1} a^j f\left(\frac{n}{b^j}\right) \leq c_1 n^{\log_b a} + \sum_{j=0}^{\log_b n - 1} c^j f(n)$$

$$= c_1 n^{\log_b a} + f(n) \sum_{j=0}^{\log_b n - 1} c^j$$

$$= c_1 n^{\log_b a} + f(n) \frac{c^{\log_b n} - 1}{c - 1}$$

$$= c_1 n^{\log_b a} + \Theta(f(n)) \quad (c < 1)$$

由条件 1 可知

$$T(n) = \Theta(f(n))$$

下面给出用主定理法求解的几个例子。

例 1

$$T(n) = \begin{cases} 4T\left(\dfrac{n}{2}\right) + n, & n > 1 \\ 1, & n = 1 \end{cases}$$

这里 $a = 4$，$b = 2$，$f(n) = n$。$n^{\log_b a} = n^{\log_2 4} = n^2$，比 $f(n)$ 大，满足第一种情况，此时 $\varepsilon = 2$，因此 $T(n) = O(n^{\log_b a}) = O(n^2)$。

例 2

$$T(n) = \begin{cases} 2T\left(\dfrac{n}{2}\right) + n, & n > 1 \\ 1, & n = 1 \end{cases}$$

这里 $a = 2$，$b = 2$，$f(n) = n$。$n^{\log_b a} = n^{\log_2 2} = n$，和 $f(n)$ 大小一样，满足第二种情况，因此 $T(n) = O(n^{\log_b a} \log n) = O(n \log n)$。

例 3

$$T(n) = \begin{cases} 2T\left(\dfrac{n}{2}\right) + n^2, & n > 1 \\ 1, & n = 1 \end{cases}$$

这里 $a = 2$，$b = 2$，$f(n) = n^2$。$n^{\log_b a} = n^{\log_2 2} = n$，比 $f(n)$ 小，符合存在 $c < 1$ 且 $2f\left(\dfrac{n}{2}\right) \leqslant cf(n)$，此时 $\varepsilon = 1$，满足第三种情况，因此 $T(n) = O(f(n)) = O(n^2)$。

# 习　题

1. 对下面的递归算法，分析调用 $f(4)$ 的执行结果。
```
void f(int k)
{   if( k>0 )
    {   cout<<k<<endl;
        f(k-1);
        f(k-1);
    }
}
```

2. $T(n)$ 表示当输入规模为 $n$ 时的算法效率，则以下算法中效率最优的是：

（1）$T(n) = \begin{cases} T(n-1) + 1, & n > 1 \\ 1, & n = 1 \end{cases}$

（2）$T(n) = \begin{cases} T\left(\dfrac{n}{2}\right) + 1, & n > 1 \\ 1, & n = 1 \end{cases}$

（3）$T(n) = 2n^2$

（4）$T(n) = 3n \log n$

3．台阶问题：一座山有 $N$ 个台阶，每一步可以走 1 个台阶或者 2 个台阶，走这些台阶到达山顶，求解有多少种不同的走法？

4．有一头母牛，它每年年初生一头小母牛。每头小母牛从第四个年头开始，每年年初也生一头小母牛。问在第 $n$ 年的时候，共有多少头母牛？

5．一筐西瓜，三个人分，第一个人拿走全部的一半又半个，第二个人拿走剩下的一半又半个，第三个人拿走剩下的一半又半个。刚好分完，问这筐西瓜有几个？

6．猴子摘桃问题：猴子第一天摘下若干个桃子，吃了一半，还不过瘾，又多吃了 1 个。第二天早上又将剩下的桃子吃掉了一半，又多吃了 1 个。以后每天早上都吃了前一天剩下的一半零 1 个。到第十天早上看时，只剩下一个桃子了。问第一天共摘了多少个桃子？

7．猴子摘桃问题延伸：猴子第一天摘下若干个桃子，吃了一半，还不过瘾，又多吃了 $m$ 个。第二天早上又将剩下的桃子吃掉了一半，又多吃了 $m$ 个。以后每天早上都吃了前一天剩下的一半，且多吃了 $m$ 个。到第 $n$ 天早上看时，只剩下 $a$ 个桃子了。问第一天共摘了多少个桃子？

8．国王大赦囚犯，让一狱吏 $n$ 次通过一排锁着的 $n$ 间牢房，每通过一次，按所定规则转动门锁，每转动 1 次，原来锁着的被打开，原来打开的被锁上；通过 $n$ 次后，门锁开着的，牢房中的犯人放出，否则犯人不得获释。转动门锁的规则是这样的：从第 1 间开始转动每一把门锁，即把全部的锁打开；第 2 次通过牢房时，从第 2 间开始转动，每隔 1 间转动一次；第 $k$ 次通过牢房时，从第 $k$ 间开始转动，每隔 $k-1$ 间转动一次；问通过 $n$ 次后，哪些牢房的锁是打开的？

9．穿越沙漠加油问题：一辆吉普车来到 1000km 宽的沙漠边沿。吉普车的耗油量为 1L/km，总装油量为 500L。显然，吉普车必须用自身油箱中的油在沙漠中设几个临时加油点，否则是通不过沙漠的。假设在沙漠边沿有充足的汽油可供使用，那么吉普车应在哪些地方、建多大的临时加油点，才能以最少的油耗穿过这块沙漠？

10．采用迭代法求解以下递归方程：

$$T(n) = \begin{cases} 2(n-3)T(n-1), & n > 1 \\ 1, & n = 1 \end{cases}$$

11．采用递归树求解以下递归方程：

$$T(n) = \begin{cases} 4T\left(\dfrac{n}{4}\right) + n^2, & n > 1 \\ 1, & n = 1 \end{cases}$$

12．以下递归方程可否用主定理法求解？如果能，给出求解过程。如果不能，给出原因，并用其他方法求解。

（1）$T(n) = \begin{cases} 8T\left(\dfrac{n}{2}\right) + n^2, & n > 1 \\ 1, & n = 1 \end{cases}$

（2）$T(n) = \begin{cases} T\left(\dfrac{3n}{5}\right) + 1, & n > 1 \\ 1, & n = 1 \end{cases}$

（3） $T(n) = \begin{cases} 3T\left(\dfrac{n}{9}\right) + n^2, & n > 1 \\ 1, & n = 1 \end{cases}$

（4） $T(n) = \begin{cases} 2T\left(\dfrac{n}{2}\right) + n\log n, & n > 1 \\ 1, & n = 1 \end{cases}$

13. 根据斐波那契数列的递归方程分析其时间复杂度。

14. 用递归算法创建 $n$ 阶螺旋矩阵并输出。以下矩阵为螺旋矩阵：

```
 1   2   3   4   5
16  17  18  19   6
15  24  25  20   7
14  23  22  21   8
13  12  11  10   9
```

15. 假设一个十进制数 $m$ 所有数位上的数字和为 $x$，将 $m$ 转换为二进制数 $n$，二进制数 $n$ 所有数位上的数字和为 $y$，求 100 以内满足 $x=y$ 的所有十进制数并输出。

16. 下跳棋时可用通过掷骰子来随机决定走棋的步数。当骰子点数为 1 时走 1 步，点数为 $n$（$n \leqslant 6$）时走 $n$ 步。求走 $n$ 步时有多少种投骰子的方法。

# 第3章 分 治 法

**本章学习重点:**

● 理解分治法的基本思想。

● 掌握通过有效的分治策略求解问题的方法。

● 通过范例学习设计分治策略的技巧: 二分搜索、棋盘覆盖、合并排序、快速排序、金块问题等。

## 3.1 分治法引言

分治法,顾名思义,分而治之,即把一个难以直接解决的大问题通过采用一定的策略分成若干个规模较小的、性质相同的小问题来求解。因此,分治法在分的时候要考虑如何才能合起来,治的时候要考虑如何定义递归公式、设置递归的出口,才能更好地求得最终解。那么我们如何分? 如何治? 如何分得合理? 合起来的时候如何求大问题的解是分治法最重要的问题。

由分治法产生的子问题往往是与原问题性质相同的、规模更小的小问题,这就为使用递归技术提供了方便。在这种情况下,反复应用分治手段,可以使子问题与原问题性质相同且规模不断缩小,最终使子问题缩小到很容易直接求出解。

## 3.2 分治法的基本思想

### 3.2.1 基本思想

分治法的基本思想可以描述为:将要求解的较大规模的问题分割成 $k$ 个更小规模的性质相同的子问题;对这 $k$ 个子问题分别求解,如果子问题的规模仍然不够小,则再划分为 $k$ 个子问题,如此递归地进行下去,直到问题规模足够小,很容易求出其解为止;将求出的小规模的问题的解合并为一个更大规模的问题的解,自底向上逐步求出原来问题的解。如图 3.1 所示,将大的问题分为 4 个子问题求解,规模不够小,再将每个子问题分为 4 个子问题,最后将求出的子问题的解合并为原始解。

分治法的设计思想是,将一个难以直接解决的大问题,分割成一些规模较小的性质相同的子问题,以便各个击破,分而治之。因此,分治法所能解决的问题一般具有以下几个特征:

（1）该问题的规模缩小到一定程度就可以容易地解决。

（2）该问题可以分解为若干个规模较小的性质相同的子问题，也称该问题具有最优子结构性质。

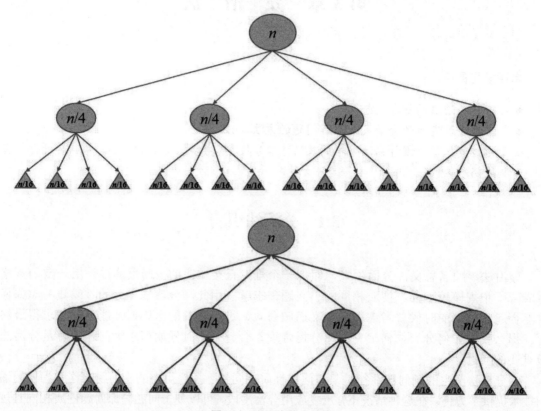

图 3.1　分治法基本思想

（3）该问题分解出的子问题的解可以合并为该问题的解。

（4）该问题所分解出的各个子问题是相互独立的，即子问题之间不包含重叠子问题。

分治法的伪码描述如下：

```
divide-and-conquer(P)
1    {if ( | P | <= n0) adhoc(P);    //解决小规模的问题，递归的出口
2      divide P into smaller subinstances P1,P2,...,Pk; //将 P 分解为 k 个子问题
3      for (i=1,i<=k,i++)
4        yi=divide-and-conquer(Pi);    //递归各子问题的解
5      return merge(y1,...,yk);    //将各子问题的解合并为原问题的解
    }
```

第 1 行表示问题 P 的规模不超过 $n_0$ 时，可以直接求得问题的解 adhoc(P)；第 5 行表示将各个子问题的解合并为原问题 P 的解。

图 3.2 给出分治法的另外一种描述框架，在这个框架里将分治法的求解过程分成了三部分：分解、求解、合并。分解框架表示整个问题划分为多个子问题；求解框架表示求解每个子问题（递归调用正在设计的算法）；合并框架表示合并子问题的解，形成原始问题的解。

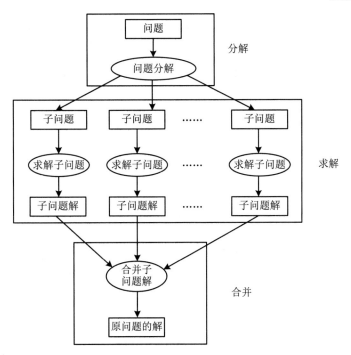

图 3.2  分治法的一般描述

## 3.2.2  时间复杂度分析

一个分治法将规模为 $n$ 的问题分成 $k$ 个规模为 $n/m$ 的子问题去解。假设解决子问题需要的时间复杂度为 $O(1)$，将原问题分解为 $k$ 个子问题以及将 $k$ 个子问题的解合并为原问题的解需用 $f(n)$ 个单位时间。用 $T(n)$ 表示该分治法求解规模为 $n$ 的问题所需的计算时间，根据上述描述，可以得到以下递归方程：

$$T(n) = \begin{cases} kT\left(\dfrac{n}{m}\right) + f(n), & n > 1 \\ O(1), & n = 1 \end{cases}$$

我们可以使用迭代法求上述递归方程的解。

$$T(n) = kT\left(\frac{n}{m}\right) + f(n)$$

$$= k\left[ kT\left(\frac{n}{m^2}\right) + f\left(\frac{n}{m}\right) \right] + f(n)$$

$$= k^2 T\left(\frac{n}{m^2}\right) + kf\left(\frac{n}{m}\right) + f(n)$$

$$= k^3 T\left(\frac{n}{m^3}\right) + k^2 f\left(\frac{n}{m^2}\right) + kf\left(\frac{n}{m}\right) + f(n)$$

$$= \ldots$$

$$= k^{n-1} T\left(\frac{n}{m^{n-1}}\right) + k^{n-2} f\left(\frac{n}{m^{n-2}}\right) + ... + kf\left(\frac{n}{m}\right) + f(n)$$

$$= k^{n-1} T(1) + k^{n-2} f\left(\frac{n}{m^{n-2}}\right) + ... + kf\left(\frac{n}{m}\right) + f(n)$$

$$= k^{n-1} + k^{n-2} f\left(\frac{n}{m^{n-2}}\right) + ... + kf\left(\frac{n}{m}\right) + f(n)$$

由推理公式可知 $\frac{n}{m^{n-1}} = 1$，则有

$$T(n) = n^{\log_m k} + \sum_{j=0}^{\log_m n - 1} k^j f\left(\frac{n}{m^j}\right)$$

分治法的时间复杂度需要结合具体实例进行分析。

# 3.3  二 分 搜 索

### 3.3.1  寻找假币

一个袋子中装有 16 枚硬币，16 枚硬币中有一个是伪造的假币，该假币比真的硬币要轻一些，找出这枚假币。

解题思路可以描述如下：把硬币分成两组，利用天平称重判别两组硬币的重量是否相同。

方法 1：任意取 1 枚硬币，与其他硬币进行比较，轻的即为假币。最多有 15 次比较，最少有 1 次比较，如图 3.3 所示。

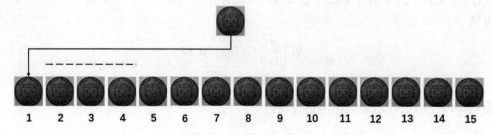

图 3.3  寻找假币方法 1

方法 2：将硬币分为 8 组，每组 2 个，每组比较一次，轻的即为假币。最多有 8 次比较，最少有 1 次比较，如图 3.4 所示。

图 3.4  寻找假币方法 2

方法 3：将硬币分为 2 组进行比较，每组 8 个，轻的一组即为假币所在组；继续将轻的那一组的硬币分为 2 组进行比较，每组 4 个，轻的一组为假币所在组；重复上述过程，直至找到假币为止，共需要比较 4 次，如图 3.5 所示。

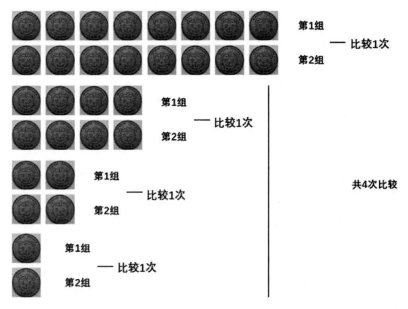

图 3.5　寻找假币方法 3

上述三种方法，最多分别需要比较 15 次、8 次、4 次，那么形成比较次数差异的根本原因在哪里？

方法 1：每枚硬币都至少进行了一次比较，而有一枚硬币进行了 15 次比较。

方法 2：每一枚硬币只进行了一次比较。

方法 3：将硬币分为两组后一次比较就可以将硬币的范围缩小到原来的一半，重复操作即可找到假币。这种方法充分利用了分治法的基本思想，完全符合分治法的四个基本特征：该问题的规模缩小到一定的程度就可以容易地解决；该问题可以分解为若干个规模较小的性质相同的子问题；分解出的子问题的解可以合并为原问题的解；分解出的各个子问题是相互独立的。

可以推广到 $n$ 个硬币的情况。有 $n$ 个硬币，编号为 1~$n$，其中有一个假币，且假币较轻，如何采用天平称重方式找到这个假币？可采用如下的分治算法解决这个问题：根据分治法的策略，将硬币平分为两份（奇数个硬币取出中间的硬币后再平分），比较两边的重量之和的大小。左侧重，则假币在右半段，反之，假币在左半段（或者假币在中间），然后继续在有假币的半区查找，直到剩余两个硬币，比较大小后，返回假币的位置。

寻找假币的算法可以描述如下：

```
int FalseCoin(int coin[], int low, int high)
{//两个硬币的比较
    if (low + 1 == high)
    {   if (coin[low] < coin[high])
            return low + 1;
        return high + 1;
```

```
        }
        int sum1 = 0, sum2 = 0, sum3 = 0;
        int mid = (low + high) >> 1;
        int i;
        //偶数个硬币
        if ((high - low + 1) % 2 == 0 )
            {for (i = low; i <= mid; i++) //左半段
                    sum1 += coin[i];
            for (i = mid + 1; i <= high; i++) //右半段
                    sum2 += coin[i];
            if (sum1 > sum2)//左侧重，则假币在右半段
                    return FalseCoin(coin, mid + 1, high);
                else if (sum2 > sum1)    //右侧重，则假币在左半段
                    return FalseCoin(coin, low, mid);
                else
        return -1;
        }
        //奇数个硬币
        else
        {    for (i = low; i <= mid - 1; i++) //左半段，除去中间的一个硬币
                sum1 += coin[i];
            for (int i = mid + 1; i <= high; i++) //右半段，除去中间的一个硬币
                sum2 += coin[i];
            sum3 = coin[mid];
            if (sum1 > sum2) //左侧重，则假币在右半段
                return FalseCoin(coin, mid + 1, high);
            else if (sum2 > sum1)//右侧重，则假币在左半段
                return FalseCoin(coin, low, mid - 1);
            else //中间的是假币
            {    if (coin[mid] != coin[low])
                    return mid + 1;
                else
                    return -1;
            }
        }
        return -1;
}
```

### 3.3.2  二分搜索问题

给定已经按升序或降序排好序的 $n$ 个元素 $a[0:n-1]$，要在这 $n$ 个元素中找出一特定元素 $x$。为了描述方便，我们假定这 $n$ 个元素已经按升序排好了顺序。

方法 1：既然所有元素已经排好序，我们可以采用顺序搜索方法，逐个比较 $a$ 中的元素，查找 $x$ 是否在 $a$ 中，最坏情况下，顺序搜索需要 $O(n)$ 次比较。

方法 2：采用分治法求解该问题，求解的基本过程类似寻找假币的过程，将 $n$ 个元素分成个数大致相同的两半，取 $a[n/2]$ 与欲查找的 $x$ 作比较，如果 $x=a[n/2]$，则找到 $x$，算法终止；

如果 $x<a[n/2]$，则我们只要在数组 $a$ 的左半部继续搜索 $x$；如果 $x>a[n/2]$，则我们只要在数组 $a$ 的右半部继续搜索 $x$。重复上述过程即可。

二分搜索算法的描述如下：

```
template<class Type>
int BinarySearch(Type a[], const Type&x, int left, int right)
{   while (right >= l)
    {   int m = (left+right)/2;
        if (x == a[m])
            return m;
        if (x < a[m])
            right = m-1;
        else
            left = m+1;
    }
    return -1;
}
```

下面给出一个具体的例子。为了描述方便，我们假设数组 $A(0:8)$ 含有奇数个已经排好序的元素，$A(0:8)=\{-10,-7,-3,0,7,15,42,90,99\}$，查找该数组中是否存在以下元素 $x=7$、$-10$、$99$、$100$。搜索实例过程如图 3.6 所示。

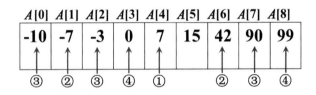

图 3.6　搜索实例过程

搜索 $x=7$，选中间位置 $A[(0+8)/2]=A[4]$ 上的数与 7 进行比较，1 次比较就成功，这是最好的情况。

搜索 $x=-10$，选中间位置 $A[4]$ 上的数与 $-10$ 进行比较，$-10<A[4]$，则下一次的搜索范围为 $A[0]...A[3]$，在新的搜索范围里选取中间位置 $A[1]$ 上的数与 $-10$ 进行比较，$-10<A[1]$，则下一次的搜索范围为 $A[0]$，$-10=A[0]$，经过 3 次比较，成功。

同样的方法搜索 $x=99$，也需要经过 4 次比较，成功。

搜索 $x=100$，经过 4 次比较，没有搜索到。

假币搜索算法和二分搜索算法属于性质相同的问题，用 $T(n)$ 表示求这两种算法所需的计算时间，则有

$$T(n)=\begin{cases} T\left(\dfrac{n}{2}\right)+1, & n>1 \\[2mm] 0, & n=1 \end{cases}$$

下面用三种方法给出假币搜索算法和二分搜索算法的复杂度分析。

1. 分析法

整个算法是一个 while 循环，每执行一次算法的 while 循环，待搜索数组的大小就减少一

半，长度为 $n$ 的数组二分为 $n/2$，再二分为 $n/4$，一直到为 1 为止，最坏情况下直到二分到 1 才找到或没找到待搜索元素。执行次数为

$$\frac{n}{2^x} = 1 \Rightarrow n = 2^x \Rightarrow x = \log n$$

因此，在最坏情况下，while 循环被执行了 $O(\log n)$次；而循环体内运算需要常数量的 $O(1)$ 时间即可解决，因此整个算法在最坏情况下的计算时间复杂度为 $O(\log n)$。

### 2. 迭代法

用迭代法可得该递归方程的解：$T(n)=1+(1+1+1+\ldots+1)$，共 $1+\log_2(n-1)$个 1，因此其时间复杂度为 $O(\log n)$。

### 3. 主定理法

由递归方程可知，$a = 1$，$b = 2$，$f(n) = 1$。$n^{\log_b a} = n^{\log_2 1} = 1$，和 $f(n)$ 大小一样，满足主定理第二种情况，因此 $T(n) = O(n^{\log_b a} \log n) = O(\log n)$。

## 3.4 棋盘覆盖

有一个 $2^k \times 2^k$ 的方格棋盘，恰有一个方格是黑色的，其他为白色。这个黑色的方格就称为特殊方格，这类棋盘称为特殊棋盘。当 $k=2$ 时的 4×4 的特殊棋盘如图 3.7 所示。棋盘覆盖问题，就是用如图 3.8 所示的包含 3 个方格的 4 种 L 形牌覆盖所有白色方格。覆盖规则为：黑色方格不能被覆盖，且任意一个白色方格不能同时被两个或更多个牌覆盖。

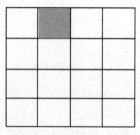

图 3.7　特殊棋盘（$k=2$）

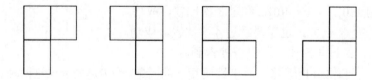

图 3.8　L 形牌

我们可以采用分治法解决此类问题，解决思路如下：

### 1. 划分子问题

将 $2^k \times 2^k$ 的棋盘划分为 $2^{k-1} \times 2^{k-1}$ 的子棋盘 4 块。特殊方格肯定在其中一个子棋盘中，其余 3 个子棋盘中无特殊方格。如图 3.9 所示，特殊方格在左上角的子棋盘中。

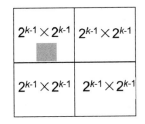

图 3.9　划分子问题

### 2. 递归求解

对每个子棋盘，递归填充棋盘中的所有小格子，填充分为四个情况。

（1）左上子棋盘：如果特殊方格在左上子棋盘，则递归填充左上子棋盘；否则用一个黑色方块填充左上子棋盘的右下角，将右下角看做特殊方格，然后递归填充左上子棋盘。

（2）右上子棋盘：如果特殊方格在右上子棋盘，则递归填充右上子棋盘；否则用一个黑色方块填充右上子棋盘的左下角，将左下角看做特殊方格，然后递归填充右上子棋盘。

（3）左下子棋盘：如果特殊方格在左下子棋盘，则递归填充左下子棋盘；否则用一个黑色方块填充左下子棋盘的右上角，将右上角看做特殊方格，然后递归填充左下子棋盘。

（4）右下子棋盘：如果特殊方格在右下子棋盘，则递归填充右下子棋盘；否则用一个黑色方块填充右下子棋盘的右下角，将左上角看做特殊方格，然后递归填充右下子棋盘。

即用一个 L 形牌覆盖这 3 个较小棋盘的结合处，如图 3.10 所示。

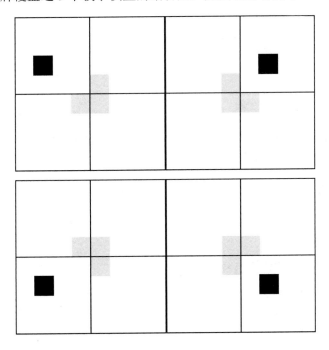

图 3.10　构造相同子问题

通过上述操作，原问题就转化为 4 个较小规模的棋盘覆盖问题。递归地使用这种分割，直至子棋盘方格数为 1，也就是递归出口为 $k=0$。

下面给出棋盘覆盖问题中数据结构的设计，如图 3.11 所示。

（1）棋盘：用二维数组 Board[size][size]表示一个棋盘，Board[0][0]是棋盘的左上角方格。其中，size=$2^k$。为了在递归处理的过程中使用同一个棋盘，将数组 Board 设为全局变量。

（2）子棋盘：在棋盘数组 Board[size][size]中，size 由子棋盘左上角的下标 tr、tc 和棋盘边长 s 表示。

（3）特殊方格：用 Board[dr][dc]表示，dr 和 dc 是该特殊方格在棋盘数组 Board 中的下标；

（4）L 形牌：一个 $2^k×2^k$ 的棋盘中有一个特殊方格，所以用到 L 形牌的个数为$(4^k-1)/3$。将所有 L 形牌从 1 开始连续编号，用一个全局整型变量 tile 表示，其初始值为 0。

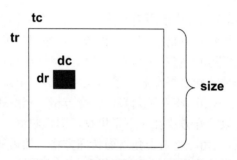

图 3.11　棋盘覆盖问题的数据结构

实现这种分治策略的算法 ChessBoard 如下：

```
template<class Type>
void ChessBoard(int tr, int tc, int dr, int dc, int size)
//tr 和 tc 是棋盘左上角的下标，dr 和 dc 是特殊方格的下标
//size 是棋盘的大小，t 已初始化为 0
{   if (size == 1) return;   //棋盘只有一个方格且是特殊方格
    t++;   //L 形牌号
    s = size/2;   //划分棋盘
    //覆盖左上角子棋盘
    if (dr < tr + s && dc < tc + s)          //特殊方格在左上角子棋盘中
        ChessBoard(tr, tc, dr, dc, s);       //递归处理子棋盘
    else       //用 t 号 L 形牌覆盖右下角，再递归处理子棋盘
    {   board[tr + s - 1][tc + s - 1] = t;
        ChessBoard(tr, tc, tr+s-1, tc+s-1, s);
    }
        //覆盖右上角子棋盘
    if (dr < tr + s && dc >= tc + s)         //特殊方格在右上角子棋盘中
        ChessBoard(tr, tc+s, dr, dc, s);     //递归处理子棋盘
    else           //用 t 号 L 形牌覆盖左下角，再递归处理子棋盘
    {   board[tr + s - 1][tc + s] = t;
        ChessBoard(tr, tc+s, tr+s-1, tc+s, s);
    }
        //覆盖左下角子棋盘
    if (dr >= tr + s && dc < tc + s)         //特殊方格在左下角子棋盘中
        ChessBoard(tr+s, tc, dr, dc, s);     //递归处理子棋盘
    else           //用 t 号 L 形牌覆盖右上角，再递归处理子棋盘
    {   board[tr + s][tc + s - 1] = t;
```

```
        ChessBoard(tr+s, tc, tr+s, tc+s-1, s);
    }
        //覆盖右下角子棋盘
    if (dr >= tr + s && dc >= tc + s)          //特殊方格在右下角子棋盘中
        ChessBoard(tr+s, tc+s, dr, dc, s);     //递归处理子棋盘
    else        //用 t 号 L 形牌覆盖左上角，再递归处理子棋盘
    {   board[tr + s][tc + s] = t;
        ChessBoard(tr+s, tc+s, tr+s, tc+s, s);
    }
}
```

下面给出棋盘覆盖问题的时间复杂度分析：

设 $T(k)$ 为覆盖 $2^k \times 2^k$ 棋盘的时间，则有 $k=0$：覆盖它需要常数时间 $O(1)$；$k>0$：判断哪个子棋盘是特殊棋盘，形成 3 个特殊子棋盘需要 $O(1)$，覆盖 4 个特殊子棋盘需四次递归调用，共需时间 $4T(k\text{-}1)$。

算法的时间复杂度可以表示：

$$T(k) = \begin{cases} 1, & k = 0 \\ 4T(k-1)+1, & k > 0 \end{cases}$$

用递推的方式求解该表达式：

$$T(k) = 4T(k-1) + O(1) = 4^2 T(k-2) + 4O(1) + O(1) = ...$$

$$= 4^k T(0) + O(1)\sum_{i=0}^{k-1} 4^i = 4^k O(1) + O(1)(4^k - 1) / 3$$

因此棋盘覆盖问题的时间复杂度为 $T(k) = O(4^k)$。

# 3.5　合　并　排　序

合并排序是把待排序序列分为若干个子序列，每个子序列是有序的，然后再把有序子序列合并为整体有序序列，即先使每个子序列有序，再使子序列段间有序。合并排序也叫归并排序，将两个有序表合并成一个有序表，称为二路归并。

采用分治法求解合并排序的基本思想可以描述为：将待排序元素分成大小大致相同的 2 个子集合，然后继续对 2 个子集合分解，直至排序子集合中只剩下 1 个元素，接下来不断合并两个排好序的子集合，最终将所有排好序的子集合合并成为整体有序的集合。

合并排序递归算法直观的操作可分为如下 3 步：

（1）分解：将 $n$ 个元素分成各含 $n/2$ 个元素的子序列。

（2）递归求解：用合并排序法将两个子序列继续进行分解和递归排序。

（3）合并：合并两个已排序的子序列以得到排序结果。

根据上述思想，给出合并排序递归算法的描述如下：

```
template<class Type>
void MergeSort(Type a[], int left, int right)
{   if (left<right) //至少有 2 个元素
    { int i=(left+right)/2;   //取中点
```

```
        MergeSort(a, left, i);
        MergeSort(a, i+1, right);
        merge(a, b, left, i, right);    //合并到数组 b
        copy(a, b, left, right);        //复制回数组 a
    }
}
```

merge 算法用来合并 2 个数组：

```
template<class Type>
void Merge(int c[],int d[],int L,int M,int R)
{   //合并 c[L:M]和 c[M+1:R]到 d[L:R]
    int i=L,j=M+1,k=L;
    while((i<=M)&& (j<=R))
        if(c[i]<=c[j])
            d[k++]=c[i++];
        else
            d[k++]=c[j++];
    if(i>M)
        for(int q=j;q<=R;q++)
            d[k++]=c[q];
    else
        for(int q=i;q<=M;q++)
            d[k++]=c[q];
}
```

如图 3.12 所示，假定有 8 个元素：7、3、1、8、6、4、5、2。第一步，划分为两个子序列，每个子序列 4 个元素，再对每个子序列继续划分，将所有元素划分成四对，每一对两个元素，用 merge 算法合并成四个有序的序列；第二步，把四个序列划分成两对，用 merge 算法合并成两个有序的序列；最后，再利用 merge 算法合并成一个有序的序列。

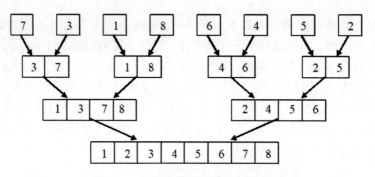

图 3.12　合并排序递归算法工作过程

由图 3.12 可以看出合并排序的递归过程是将待排序集合一分为二，直至排序集合就剩下一个元素位置，然后不断地合并两个排好序的数组。可以将递归算法改为非递归实现，非递归的思想和递归正好相反，在非递归算法里，首先，将数组中的相邻元素两两配对，然后用 merge 函数将他们排序，构成 $n/2$ 组长度为 2 的排序好的子数组段，然后再将他们排序成长度为 4 的子数组段，如此继续下去，直至整个数组排好序。

下面给出合并排序递归算法的时间复杂度分析。

由算法描述可知 merge 和 copy 函数可以在 $O(n)$ 时间内完成，因此合并排序递归算法的递归方程为：

$$T(n) = \begin{cases} 2T\left(\dfrac{n}{2}\right) + n, & n > 1 \\ 1, & n = 1 \end{cases}$$

用主定理法求解此递归方程，可得合并排序递归算法的时间复杂度 $T(n) = O(n\log n)$。

下面给出 mergeSort 的非递归算法描述：

```
template<class Type>
void mergeSort(Type A[],int n)
{   int i,s,t = 1;
    while (t<n)
    {   s = t;
        t = 2 * s;
        i = 0;
        while (i+t<n)
        {   merge(A,i,i+s-1,i+t-1);
            i = i + t;
        }
        if (i+s<n)
          merge(A,i,i+s-1,n-1,n-i);
    }
}
```

在上述算法中，$i$ 表示开始合并时第一个序列的起始位置；$s$ 表示合并前序列的大小；$t$ 表示合并后序列的大小；$i$、$i+s-1$、$i+t-1$ 定义被合并的两个序列的边界。

举个 $n = 11$ 的例子，待排序的元素为：8、5、3、9、11、6、4、1、10、7、2，非递归算法 mergeSort 的工作过程如图 3.13 所示。

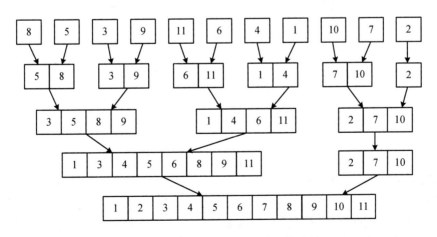

图 3.13　合并排序非递归算法工作过程

第一轮：$s=1$、$t=2$，有 5 对（每对含 2 个元素）序列进行合并，当 $i=10$ 时，$i+t=12>n$，退

出内部的 while 循环。但 $i+s=11$，不小于 $n$，所以，不执行 mergeSort 算法中 if 语句里面的合并工作，余留一个元素没有处理。

第二轮：$s=2$、$t=4$，有 2 对（每对含 4 个元素）序列进行合并，在 $i=8$ 时，$i+t=12>n$，退出内部的 while 循环。但 $i+s=10<n$，所以执行 mergeSort 算法中 if 语句里面的合并工作，把一个大小为 2 的序列和另外一个元素合并，产生一个含有 3 个元素的有序序列。

第三轮：$s=4$、$t=8$，有 1 对（每对含 8 个元素）序列合并，在 $i=8$ 时，$i+t=16>n$，退出内部的 while 循环。而 $i+s=12>n$，所以，不执行 mergeSort 算法中 if 语句里面的合并工作，余留一个序列没有处理。

第四轮：$s=8$、$t=16$。在 $i=0$ 时，$i+t=16>n$，所以不执行内部的 while 循环，但 $i+s=8<n$，所以执行 mergeSort 算法中 if 语句里面的合并工作，产生一个大小为 11 的有序序列。

第五轮：$t=16>n$，所以退出外部的 while 循环，结束算法。

下面给出合并排序非递归算法的时间复杂度分析。

为了更好地计算，我们假设 $n$ 是 2 的幂。在算法执行过程中，外部 while 循环的循环体的执行次数 $k=\log n$ 次，内部 while 循环 merge 执行所产生的序列元素比较总次数如表 3.1 所示。

表 3.1　序列元素比较总次数

| merge 执行次数 | 比较次数 | 序列数 | 长度 | 最少 | 最多 |
|---|---|---|---|---|---|
| $n/2$ | 1 | $n/2$ | 2 | $n/2$ | $n/2$ |
| $n/2^2$ | $2$，$2^2-1$ | $n/2^2$ | $2^2$ | $(n/2^2)\times2$ | $(n/2^2)\times(2^2-1)$ |
| $n/2^3$ | $2^2$，$2^3-1$ | $n/2^3$ | $2^3$ | $(n/2^3)\times2^2$ | $(n/2^3)\times(2^3-1)$ |
| … | … | … | … | … | … |
| $n/2^j$ | $2^{j-1}$，$2^j-1$ | $n/2^j$ | $2^j$ | $(n/2^j)\times2^{j-1}$ | $(n/2^j)\times(2^j-1)$ |

当 $k=\log n$ 时，合并排序算法的执行时间，至少为：

$$\sum_{j=1}^{k}\frac{n}{2^j}\cdot2^{j-1}=\sum_{j=1}^{k}\frac{n}{2}=\frac{1}{2}kn=\frac{1}{2}n\log n$$

合并排序算法的执行时间，至多为：

$$\sum_{j=1}^{k}\frac{n}{2^j}(2^j-1)=\sum_{j=1}^{k}\left(n-\frac{n}{2^j}\right)=kn-n\sum_{j=1}^{k}\frac{1}{2^j}$$

$$=kn-n\left(1-\frac{1}{2^k}\right)=kn-n\left(1-\frac{1}{n}\right)$$

$$=n\log n-n+1$$

因此，合并排序算法的运行时间是 $\Theta(n\log n)$，这是渐进意义下的最优算法。

那么，合并排序算法的空间复杂度为多少呢？每调用一次 merge 算法，便分配一个适当大小的缓冲区，退出 merge 算法便释放它。在最后一次调用 merge 算法时，所分配的缓冲区最大，此时，它把两个序列合并成一个长度为 $n$ 的序列，需要 $O(n)$ 个工作单元。所以，合并排序非递归算法所使用的工作空间为 $O(n)$。合并排序递归算法需要调用堆栈来执行递归求解问题，因此递归算法比非递归算法递归时多一个压入栈中的数据占用的空间，递归算法所使用的工作空间为 $O(n+\log n)$。

# 3.6 快 速 排 序

任何一个基于比较来确定两个元素相对位置的排序算法都需要 $\Omega(n\log n)$ 计算时间。如果我们能设计一个需要 $O(n\log n)$ 时间的排序算法，则在渐近的意义上，这个排序算法就是最优的。许多排序算法都追求这个目标。

下面介绍快速排序算法，这个算法是 1962 年由东尼·霍尔（Tony Hoare）提出的，是实际应用中最常用的一种排序算法，速度快、效率高。就像名字一样，快速排序是已知的在实际使用过程中最快的排序算法，与合并排序法有一定的相似之处，它在平均情况下需要 $O(n\log n)$ 时间，需要一个大小为 $n$ 的工作空间。

1. 快速排序算法的基本思想

快速排序是一种基于划分的排序方法，通过反复地对待排序集合进行划分，达到排序目的。通过快速排序，可以把一个序列划分为两个子序列，且第一个子序列的所有元素都小于第二个子序列的所有元素。不断进行这样的划分，最后构成 $n$ 个序列，每个序列只有一个元素，完成排序。

直观的操作可分为如下 3 步：

（1）分解：将输入的序列 $A$ 划分成两个非空子序列 $A_1$ 和 $A_2$，使 $A_1$ 中任一元素的值不大于 $A_2$ 中任一元素的值。

（2）递归求解：通过递归调用快速排序算法分别对 $A_1$ 和 $A_2$ 进行排序。

（3）合并：不同于合并排序，这一步不用执行。快速排序对分解出的两个子序列的排序是就地进行的，所以在 $A_1$ 和 $A_2$ 都排好序后不需要执行任何计算，$A$ 就已排好序了。

2. 划分过程

选取待分类集合 $A$ 中的某个元素 $t$，按照与 $t$ 的大小关系重新整理 $A$ 中的元素，使得整理后的序列中所有在 $t$ 之前出现的元素均小于等于 $t$，而所有出现在 $t$ 之后的元素均大于等于 $t$。这种对元素的整理过程称为划分（Partitioning），其中元素 $t$ 称为划分元素。

3. 一趟快速排序的算法过程

设要排序的数组是 $A[0]…A[N-1]$，首先任意选取一个数组元素（通常选用第一个数组元素）作为关键数据，然后将所有比它小的数都放到它前面，所有比它大的数都放到它后面，这个过程称为一趟快速排序。

一趟快速排序的算法步骤如下：

（1）设置两个变量 $i$、$j$，排序开始时：$i=0$，$j=n$。

（2）以第一个数组元素作为关键数据，$x=a[0]$。

（3）从 $i$ 开始向后搜索，即由前开始向后搜索（$i=i+1$），找到第一个大于等于 $x$ 的值。

（4）从 $j$ 开始向前搜索，即由后开始向前搜索（$j=j-1$），找到第一个小于等于 $x$ 的值。

（5）交换 $a[i]$ 和 $a[j]$。

（6）重复第（3）～（5）步，直到 $i \geqslant j$。

一趟快速排序的算法描述如下：

```
template<class Type>
int Partition (Type a[], int p, int r)
```

```
{       int i = p, j = r + 1;
        Type x=a[p];
        //将小于 x 的元素交换到左边区域
        //将大于 x 的元素交换到右边区域
        while (true)
        {   while (a[++i] <x);          //从 i 开始向后搜索，找到第一个大于等于 x 的值
            while (a[- -j] >x);         //从 j 开始向前搜索，找到第一个小于等于 x 的值
            if (i >= j) break;
            Swap(a[i], a[j]);           //交换 a[i] 和 a[j]
        }
        a[p] = a[j];
        a[j] = x;
        return j;
}
```

下面给出一趟快速排序算法的实例分析。待排序元素为：65、70、75、80、85、60、55、50、45。

首先选取第 1 个元素作为划分元素 $x$，然后从第 2 个元素开始向后搜索，即由前开始向后搜索，找到第一个大于等于 $x$ 的值，从最后一个元素开始向前搜索，即由后开始向前搜索，找到第一个小于等于 $x$ 的值，交换两个元素，此时 $i=2$，$j=9$。

依此类推，交换第 3 个和第 8 个元素，第 4 个和第 7 个元素，第 5 个和第 6 个元素，此时 $i=5$，$j=6$。

继续循环，当 $i=6$，$j=5$ 时，$i>j$，循环结束，此时交换划分元素 $x$ 和 $a[j]$，完成一趟快速排序。

```
    (1)    (2)   (3)  (4)   (5)  (6)   (7)  (8)  (9)   (10)  i  j
A: 65     70    75   80    85   60    55   50   45    +∞    2  9
           |...............................|
A: 65     45    75   80    85   60    55   50   70    +∞    3  8
                 |.......................|
A: 65     45    50   80    85   60    55   75   70    +∞    4  7
                      |.................|
A: 65     45    50   55    85   60    80   75   70    +∞    5  6
                           |......|
A: 65     45    50   55    60   85    80   75   70    +∞    6  5
           |.........................|
A: 60     45    50   55    65   85    80   75   70    +∞
                            ↑
```

划分元素定位于此

## 4. 快速排序算法步骤

在快速排序中，元素的比较和交换是从两端向中间进行的，关键字较大的元素一次就能交换到后半部分，关键字较小的元素一次就能交换到前半部分，元素每次移动的距离较大，因而总的比较和移动次数较少。

下面给出快速排序的算法描述。

```
template<class Type>
void QuickSort (Type a[], int p, int r)
{   if (p<r)
    {   int q=Partition(a,p,r);
        QuickSort (a,p,q-1); //对左半段排序
        QuickSort (a,q+1,r); //对右半段排序
    }
}
```

经过一次"划分"后，实现了对集合元素的调整：其中一个子集合的所有元素均小于等于另外一个子集合的所有元素。按同样的策略对两个子集合进行处理。当子集合处理完毕后，整个集合的排序也完成了。这一过程避免了子集合的归并操作。

下面给出快速排序算法的时间复杂度分析。

快速排序最优的情况就是每一次取到的元素都刚好平分整个数组。递归排序时，递归的第 1 层，$n$ 个数被划分为 2 个子区间，每个子区间的数字个数为 $n/2$；递归的第 2 层，$n$ 个数被划分为 4 个子区间，每个子区间的数字个数为 $n/4$；递归的第 3 层，$n$ 个数被划分为 8 个子区间，每个子区间的数字个数为 $n/8$；依此类推，递归的第 $\log n$ 层，$n$ 个数被划分为 $n$ 个子区间，每个子区间的数字个数为 1。以上过程与合并排序基本一致，不同的是，合并排序是从最后一层开始自底向上进行合并操作；而快速排序则是从第 1 层开始，交换区间中数字的位置，也就是自顶向下。但是，合并操作和快速排序的调换位置操作，时间复杂度是一样的，对于每一个区间，处理的时候，都需要遍历一次区间中的每一个元素。这也就意味着，快速排序和合并排序一样，每一层的总时间复杂度都是 $O(n)$，因为需要对每一个元素遍历一次。而且在最好的情况下，同样也是有 $\log n$ 层，所以快速排序最好的时间复杂度为 $O(n\log n)$。

快速排序最坏的情况就是每一次取到的元素都是数组中的最小值或最大值，这种情况其实就是冒泡排序（每一次都排好一个元素的顺序），对于 $n$ 个数排序来说，需要操作 $n$ 次，才能为 $n$ 个数排好序，而每一次操作都需要遍历一次剩下的所有元素，这个操作的时间复杂度是 $O(n)$，所以总时间复杂度为 $O(n^2)$。

根据上述分析可知，快速排序的平均时间复杂度为 $O(n\log n)$。快速排序算法的性能取决于划分的对称性。通过修改算法 partition，可以设计出采用随机选择策略的快速排序算法。在快速排序算法的每一步中，当数组还没有被划分时，可以在 $a[p:r]$ 中随机选出一个元素作为划分基准，这样可以使划分基准的选择是随机的，从而可以期望划分是较对称的。

下面分析快速排序的空间复杂度。首先快速排序使用的空间为 $O(1)$，也就是常数级；快速排序过程中每次递归都要记录一些数据；因此最优情况下空间复杂度为 $O(\log n)$，最差情况下空间复杂度为 $O(n)$。

## 3.7　金块问题

公司老板有一袋金块，用于奖励优秀员工。每个月有两名表现最好的员工分别被奖励 1 个金块。奖励规则是：排名第一的员工将得到袋中最重的金块，排名第二的员工将得到袋中最轻的金块。根据这种方式，除非有新的金块加入袋中，否则第一名员工所得到的金块总是比第二名员工所得到的金块重。如果有新的金块周期性地加入袋中，则每个月都必须找出最

轻和最重的金块。假设有一个天平可以用来称量金块，希望用最少的比较次数找出最轻和最重的金块。

该问题本质上是求最大元素和最小元素的问题。求解该问题的一般思路是用穷举法：假设袋中有 $n$ 个金块。可以通过 $n-1$ 次比较找到最重的金块，在找最重的金块的同时，通过 $n-1$ 次比较找到最轻的金块。这样，比较的总次数为 $2(n-1) = 2n-2$。

金块问题的穷举法算法代码描述如下：

```
template<class Type>
void Find_maxmin()    //寻找最重的和最轻的金块
{   int min=A[0],max=a[0];
    for(int i=1; i<A.size(); i++)
      {  if (A[i]>max)
         max=A[i];
         if (A[i]<min)
         min=A[i];
      }
}
```

考虑到 $A$ 中的元素在比较时，只要满足 $A[i]>\max$，就没必要再去执行 $A[i]<\min$ 的判断了，对上述算法进行改进，代码描述如下：

```
template<class Type>
void Find_maxmin()    //寻找最重的和最轻的金块
{   int min=A[0],max=a[0];
    for(int i=1; i<A.size(); i++)
    { if (A[i]>max)
          max=A[i];
      else if (A[i]<min)
          min=A[i];
    }
}
```

改进后的算法中，最好情况下，$A$ 中所有元素是递增排序的，则元素比较 $n-1$ 次即可找到最重和最轻的金块；最坏情况下，$A$ 中所有元素是递减排序的，则元素比较 $2(n-1)$ 次即可找到最重和最轻的金块；平均情况下需要比较 $3(n-1)/2$ 次。

除了用穷举法，我们还可以使用分治法求解金块问题。下面给出求解金块问题的分治法描述：

（1）当 $n=1$ 时，不需要比较，即比较 0 次，即可识别出最重和最轻的金块。

（2）当 $n=2$ 时，比较 1 次，即可识别出最重和最轻的金块。

（3）当 $n>2$ 时，第 1 步，把金块平分成两个小袋 A 和 B。第 2 步，递归地应用分治法分别在 A 和 B 中找出最重和最轻的金块。设 A 中最重和最轻的金块分别为 $H_A$ 与 $L_A$，B 中最重和最轻的金块分别为 $H_B$ 和 $L_B$。第 3 步，通过比较 $H_A$ 和 $H_B$，可以找到所有金块中最重的；通过比较 $L_A$ 和 $L_B$，可以找到所有金块中最轻的。

分治法的总体设计逻辑就是将 $n$ 个金块分成等量的两份 A 和 B，若 A 中金块的数量 $n_1>2$，再将 A 分成等量的两份，然后再次等量分，通过一次次的划分，找到符合 $n=1$ 或 $n=2$ 的情况，然后直接进行比较。

用分治法求解金块问题的递归算法代码描述如下：

```
template<class Type>
void Find_maxmin(int A[],int left,int right,float max, float min)    //寻找最重的和最轻的金块
{    int mid;
     float lmax=0,lmin=0,rmax=0,rmin=0,min,max;
     if(left==right)    //对于 n=1 的情况
     {    min=A[left];
          max=A[left];
     }
     if(right-left==1)    //对于 n=2 的情况
     {    if (A[left]<A[right])
          {    min=A[left];
               max=A[right];
          }
          else
          {    max=A[left];
               min=A[right];
          }
     }
     if(right-left>1)    //对于 n>2 的情况
     {    mid=(left+right)/2;
          Find_maxmin(A,left,mid,lmax,lmin);
          Find_maxmin(A,mid+1,right,rmax,rmin);
          if (lmax > rmax)
                max = lmax;
           else
                max = rmax;
          if (lmin < rmin)
                min = lmin;
          else
                min = rmin;
     }
}
```

下面给出求解金块问题的分治法的比较次数。

由算法描述可知，金块问题的递归方程可以表示为

$$T(n) = \begin{cases} 0, & n = 1 \\ 1, & n = 2 \\ 2T\left(\dfrac{n}{2}\right) + 2, & n > 2 \end{cases}$$

由迭代法可以求该递归方程的解为

$$T(n) = \frac{3}{2}n - 2$$

由以上分析可知，穷举法和分治法的时间复杂度相同，都是 $O(n)$，其中穷举法占用空间比较小，适合数量较少的金块问题；分治法因为使用了递归算法，导致内存消耗比较大，对于无规则的比较有一定优势。

# 3.8　循环赛日程表

假设有 $n$ 个选手需要进行网球比赛，设计一个满足以下要求的比赛日程表：①每个选手必须与其他 $n-1$ 个选手各赛一次；②每个选手一天只能赛一次；③循环赛一共进行 $n-1$ 天。

为了分析方便，假设 $n=2^k$，按分治策略，将所有的选手分为两半，$n$ 个选手的比赛日程表就可以通过为 $n/2$ 个选手设计的比赛日程表来决定。递归地对选手进行分割，直到只剩下 2 个选手时，比赛日程表的制定就变得很简单。这时只要让这 2 个选手进行比赛就可以了。

以 8 个选手为例子，最终结果如图 3.14（a）所示，构造过程如图 3.14（b）～（i）所示。

具体构造过程如下：

（1）共 8 个选手进行比赛，第 1 行初始化为 1～8，如图 3.14（b）所示。

（2）该循环赛日程表需要递归构造，因此需要填写 8×8 表格的左下角和右下角，分别需要知道它的右上角和左上角。

（3）现在来看 8×8 表格的左上角，它的左上角是一个 4×4 的表格，要填写该表格的左下角和右下角，分别需要知道它的右上角和左上角。

（4）现在来看 4×4 表格的左上角，它的左上角是一个 2×2 的表格，不需要递归，只需要按对角线填写即可，如图 3.14（c）所示。

其中第 0 列代表选手。左上角与左下角的两小块分别为选手 1 至选手 4 和选手 5 至选手 8 前 3 天的比赛日程。将左上角小块中的所有数字按其相对位置抄到右下角，将左下角小块中的所有数字按其相对位置抄到右上角，这样就分别安排好了选手 1 至选手 4 和选手 5 至选手 8 在后 4 天的比赛日程。依此思想很容易将这个比赛日程表推广到具有任意多个选手的情形。

| 1 | 2 | 3 | 4 | 5 | 6 | 7 | 8 |
|---|---|---|---|---|---|---|---|
| 2 | 1 | 4 | 3 | 6 | 5 | 8 | 7 |
| 3 | 4 | 1 | 2 | 7 | 8 | 5 | 6 |
| 4 | 3 | 2 | 1 | 8 | 7 | 6 | 5 |
| 5 | 6 | 7 | 8 | 1 | 2 | 3 | 4 |
| 6 | 5 | 8 | 7 | 2 | 1 | 4 | 3 |
| 7 | 8 | 5 | 6 | 3 | 4 | 1 | 2 |
| 8 | 7 | 6 | 5 | 4 | 3 | 2 | 1 |

（a）

图 3.14（一）　循环赛日程表

| 1 | 2 | 3 | 4 | 5 | 6 | 7 | 8 |
|---|---|---|---|---|---|---|---|
| 0 | 0 | 0 | 0 | 0 | 0 | 0 | 0 |
| 0 | 0 | 0 | 0 | 0 | 0 | 0 | 0 |
| 0 | 0 | 0 | 0 | 0 | 0 | 0 | 0 |
| 0 | 0 | 0 | 0 | 0 | 0 | 0 | 0 |
| 0 | 0 | 0 | 0 | 0 | 0 | 0 | 0 |
| 0 | 0 | 0 | 0 | 0 | 0 | 0 | 0 |
| 0 | 0 | 0 | 0 | 0 | 0 | 0 | 0 |

(b)

| 1 | 2 | 3 | 4 | 5 | 6 | 7 | 8 |
|---|---|---|---|---|---|---|---|
| 2 | 1 | 0 | 0 | 0 | 0 | 0 | 0 |
| 0 | 0 | 0 | 0 | 0 | 0 | 0 | 0 |
| 0 | 0 | 0 | 0 | 0 | 0 | 0 | 0 |
| 0 | 0 | 0 | 0 | 0 | 0 | 0 | 0 |
| 0 | 0 | 0 | 0 | 0 | 0 | 0 | 0 |
| 0 | 0 | 0 | 0 | 0 | 0 | 0 | 0 |
| 0 | 0 | 0 | 0 | 0 | 0 | 0 | 0 |

(c)

| 1 | 2 | 3 | 4 | 5 | 6 | 7 | 8 |
|---|---|---|---|---|---|---|---|
| 2 | 1 | 4 | 3 | 0 | 0 | 0 | 0 |
| 0 | 0 | 0 | 0 | 0 | 0 | 0 | 0 |
| 0 | 0 | 0 | 0 | 0 | 0 | 0 | 0 |
| 0 | 0 | 0 | 0 | 0 | 0 | 0 | 0 |
| 0 | 0 | 0 | 0 | 0 | 0 | 0 | 0 |
| 0 | 0 | 0 | 0 | 0 | 0 | 0 | 0 |
| 0 | 0 | 0 | 0 | 0 | 0 | 0 | 0 |

(d)

| 1 | 2 | 3 | 4 | 5 | 6 | 7 | 8 |
|---|---|---|---|---|---|---|---|
| 2 | 1 | 4 | 3 | 0 | 0 | 0 | 0 |
| 3 | 4 | 1 | 2 | 0 | 0 | 0 | 0 |
| 4 | 3 | 2 | 1 | 0 | 0 | 0 | 0 |
| 0 | 0 | 0 | 0 | 0 | 0 | 0 | 0 |
| 0 | 0 | 0 | 0 | 0 | 0 | 0 | 0 |
| 0 | 0 | 0 | 0 | 0 | 0 | 0 | 0 |
| 0 | 0 | 0 | 0 | 0 | 0 | 0 | 0 |

(e)

| 1 | 2 | 3 | 4 | 5 | 6 | 7 | 8 |
|---|---|---|---|---|---|---|---|
| 2 | 1 | 4 | 3 | 6 | 5 | 0 | 0 |
| 3 | 4 | 1 | 2 | 0 | 0 | 0 | 0 |
| 4 | 3 | 2 | 1 | 0 | 0 | 0 | 0 |
| 0 | 0 | 0 | 0 | 0 | 0 | 0 | 0 |
| 0 | 0 | 0 | 0 | 0 | 0 | 0 | 0 |
| 0 | 0 | 0 | 0 | 0 | 0 | 0 | 0 |
| 0 | 0 | 0 | 0 | 0 | 0 | 0 | 0 |

(f)

| 1 | 2 | 3 | 4 | 5 | 6 | 7 | 8 |
|---|---|---|---|---|---|---|---|
| 2 | 1 | 4 | 3 | 6 | 5 | 8 | 7 |
| 3 | 4 | 1 | 2 | 0 | 0 | 0 | 0 |
| 4 | 3 | 2 | 1 | 0 | 0 | 0 | 0 |
| 0 | 0 | 0 | 0 | 0 | 0 | 0 | 0 |
| 0 | 0 | 0 | 0 | 0 | 0 | 0 | 0 |
| 0 | 0 | 0 | 0 | 0 | 0 | 0 | 0 |
| 0 | 0 | 0 | 0 | 0 | 0 | 0 | 0 |

(g)

| 1 | 2 | 3 | 4 | 5 | 6 | 7 | 8 |
|---|---|---|---|---|---|---|---|
| 2 | 1 | 4 | 3 | 6 | 5 | 8 | 7 |
| 3 | 4 | 1 | 2 | 7 | 8 | 5 | 6 |
| 4 | 3 | 2 | 1 | 8 | 7 | 6 | 5 |
| 0 | 0 | 0 | 0 | 0 | 0 | 0 | 0 |
| 0 | 0 | 0 | 0 | 0 | 0 | 0 | 0 |
| 0 | 0 | 0 | 0 | 0 | 0 | 0 | 0 |
| 0 | 0 | 0 | 0 | 0 | 0 | 0 | 0 |

(h)

| 1 | 2 | 3 | 4 | 5 | 6 | 7 | 8 |
|---|---|---|---|---|---|---|---|
| 2 | 1 | 4 | 3 | 6 | 5 | 8 | 7 |
| 3 | 4 | 1 | 2 | 7 | 8 | 5 | 6 |
| 4 | 3 | 2 | 1 | 8 | 7 | 6 | 5 |
| 5 | 6 | 7 | 8 | 1 | 2 | 3 | 4 |
| 6 | 5 | 8 | 7 | 2 | 1 | 4 | 3 |
| 7 | 8 | 5 | 6 | 3 | 4 | 1 | 2 |
| 8 | 7 | 6 | 5 | 4 | 3 | 2 | 1 |

(i)

图 3.14（二） 循环赛日程表

循环赛日程表的算法描述如下：

```
template<class Type>
void Table(int k)//数组下标从 1 开始
{    int i,j,s,t;
     int n=1;
     for(i=1;i<=k;i++)
          n*=2;                    //求总人数 n
     for(i=1;i<=n;i++)
          a[1][i]=i;               //初始化第一行排
     int m=1;                      //用来控制每一次填表时 i 行 j 列的起始填充位置
     for(s=1;s<=k;s++)             //s 指对称赋值的总循环次数，即分成几大步进行制作日程表
     { n=n/2;
        for(t=1;t<=n;t++)          //t 指明内部对称赋值的循环次数
          for(i=m+1;i<=2*m;i++)
            for(j=m+1;j<=2*m;j++)
              { a[i][j+(t-1)*m*2]=a[i-m][j+(t-1)*m*2-m];      //右上角等于左上角的值
                a[i][j+(t-1)*m*2-m]=a[i-m][j+(t-1)*m*2];      //左下角等于右上角的值
              }
          m*=2;
     }
}
```

# 习　题

1. 以下 7 个算法用于实现查找 $x$ 是否在数组 $a$ 中的功能，调用二分查找算法的语句为：BinarySearch(a, x, 0, n-1)，下列二分查找算法是否正确？如果不正确，请给出修改策略。

（1）
```
template<class Type>
int BinarySearch(Type a[], const Type& x, int l, int r)
{  while (r >= l)
   {  int m = (l+r)/2;
      if (x == a[m])
         return m;
      if (x < a[m])
      r = m;
      else
      l = m;
   }
   return -1;
}
```

（2）
```
template<class Type>
int BinarySearch(Type a[], const Type& x, int l, int r)
{  while (l<r-1)
   {  int m = (l+r)/2;
      if (x < a[m])
      r = m;
      else
      l = m;
   }
```

```
            if (x == a[left])
            return left;
            else
            return -1;
      }
（3） template<class Type>
      int BinarySearch(Type a[], const Type& x, int l, int r)
      {   while ( l+1!=r)
          {   int m = (l+r)/2;
              if (x < a[m])
              r = m;
              else
              l = m;
          }
          if (x == a[left])
          return left;
          else
            return -1;
      }
（4） template<class Type>
      int BinarySearch(Type a[], const Type& x, int l, int r)
      {   if (n>0 && x>=a[0])
          {   while (r > l)
              {   int m = (l+r)/2;
                  if (x < a[m])
                  r = m-1;
                  else
                  l = m;
              }
              if (x == a[left])
              return left;
          }
          return -1;
      }
（5） template<class Type>
      int BinarySearch(Type a[], const Type& x, int l, int r)
      {   if (n>0 && x>=a[0])
          {   while (r > l)
              {   int m = (l+r+1)/2;
                  if (x < a[m])
                  r = m-1;
                  else
                  l = m;
              }
              if (x == a[left])
              return left;
          }
```

```
                                return -1;
                            }
（6）template<class Type>
    int BinarySearch(Type a[], const Type& x, int l, int r)
    {   if (n>0 && x>=a[0])
        {   while (r > l)
        {   int m = (l+r+1)/2;
            if (x < a[m])
            r = m-1;
            else
            l = m+1;
        }
            if (x == a[left])
            return left;
        }
        return -1;
    }
（7）template<class Type>
    int BinarySearch(Type a[], const Type& x, int l, int r)
    {   if (n>0 && x>=a[0])
        {   while (r > l)
        {   int m = (l+r+1)/2;
            if (x < a[m])
            r = m;
            else
            l = m;
        }
            if (x == a[left])
              return left;
        }
        return -1;
    }
```

2. 设 $a[0:n-1]$ 是已排好序的数组。请改写二分搜索算法，使得当搜索元素 $x$ 不在数组中时，返回小于 $x$ 的最大元素的位置 $i$ 和大于 $x$ 的最小元素的位置 $j$。当搜索元素在数组中时，$i$ 和 $j$ 相同，均为 $x$ 在数组中的位置。

3. 改写二分搜索算法为三分搜索算法，并分析其时间复杂度。

4. 设 $a[0:n-1]$ 是有 $n$ 个元素的数组，$k$（$0 \le k \le n-1$）是一个非负整数。试设计一个算法将子数组 $a[0:k-1]$ 和 $a[k:n-1]$ 换位。要求算法在最坏情况下耗时 $O(n)$，且只用到 $O(1)$ 的辅助空间。

5. 设子数组 $a[0:k-1]$ 和 $a[k:n-1]$ 已经排好序 $k$（$0 \le k \le n-1$）。试设计一个合并这两个子数组并排好序的数组 $a[0:n-1]$ 的算法。要求算法在最坏情况下耗时 $O(n)$，且只用到 $O(1)$ 的辅助空间。

6. 如果在合并排序算法的分割步中，将数组 $a[0:n-1]$ 划分为 $\sqrt{n}$ 个子数组，每个子数组中有 $O(\sqrt{n})$ 个元素。然后递归地对分割后的子数组进行排序，最后将所得到的 $\sqrt{n}$ 个排好序的子数组合并成所要求的排好序的数组 $a[0:n-1]$。设计一个实现上述策略的合并排序算法，并分析算法的计算复杂度。

7. 给定含有 $n$ 个元素的多重集合 $S$，每个元素在 $S$ 中出现的次数称为该元素的重数。多

重集 $S$ 中重数最大的元素称为众数。例如，$S=\{1,2,2,2,3,5\}$，该多重集 $S$ 的众数是 2，其重数为 3。对于给定的由 $n$ 个自然数组成的多重集 $S$，计算 $S$ 的众数及其重数。如果出现多个众数，请输出最小的那个。

8．$n$ 个元素的集合 $\{1,2,\ldots,n\}$ 可以划分为若干个非空子集。例如，当 $n=4$ 时，集合 $\{1,2,3,4\}$ 可以划分为 15 个不同的非空子集如下：由 1 个子集组成的集合 $\{\{1,2,3,4\}\}$；由 2 个子集组成的集合 $\{\{1,2\},\{3,4\}\}$，$\{\{1,3\},\{2,4\}\}$，$\{\{1,4\},\{2,3\}\}$，$\{\{1,2,3\},\{4\}\}$，$\{\{1,2,4\},\{3\}\}$，$\{\{1,3,4\}$, $\{2\}\}$，$\{\{2,3,4\}$, $\{1\}\}$；由 3 个子集组成的集合 $\{\{1,2\}$, $\{3\}$, $\{4\}\}$，$\{\{1,3\}$, $\{2\}$, $\{4\}\}$，$\{\{1,4\}$, $\{2\}$, $\{3\}\}$，$\{\{2,3\}$, $\{1\}$, $\{4\}\}$，$\{\{2,4\}$, $\{1\}$, $\{3\}\}$，$\{\{3,4\}$, $\{1\}$, $\{2\}\}$；由 4 个子集组成的集合 $\{\{1\}$, $\{2\}$, $\{3\}$, $\{4\}\}$。

给定正整数 $n$ 和 $m$，计算出 $n$ 个元素的集合 $\{1,2,\ldots,n\}$ 可以划分为多少个不同的由 $m$ 个非空子集组成的集合。

9．A、B、C 是 3 个塔座。开始时，在塔座 A 上有一叠共 $n$ 个圆盘，这些圆盘自下而上、由大到小地叠在一起。各圆盘从小到大编号为 1，2，$\cdots$，$n$，奇数号圆盘着红色，偶数号圆盘着蓝色，如图 3.15 所示。现要求将塔座 A 上的这一叠圆盘移到塔座 B 上，并仍按同样顺序叠置。在移动圆盘时应遵守以下移动规则：

规则（1）：每次只能移动 1 个圆盘。

规则（2）：任何时刻都不允许将较大的圆盘压在较小的圆盘之上。

规则（3）：任何时刻都不允许将同色圆盘叠在一起；

规则（4）：在满足移动规则（1）～（3）的前提下，可将圆盘移至 A、B、C 中任一塔座上。

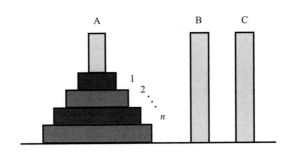

图 3.15　圆盘初始状态

试设计一个算法，用最少的移动次数将塔座 A 上的 $n$ 个圆盘移到塔座 B 上，并仍按同样顺序叠置。

10．50 个阶梯，一次可以上一阶或两阶，走上去，共有多少种走法？

11．给定 $n$ 个不同数的数组 $A$ 和正整数 $i$，$i \leqslant \sqrt{n}$，找 $A$ 中最大的 $i$ 个数，且按照从大到小的次序输出，现有两种算法可用：

算法 1：调用 $i$ 次找最大算法 Findmax，每次从 $A$ 中删除一个最大的数。

算法 2：先对数组 $A$ 中的元素由大到小排序，然后输出前 $i$ 个元素。

（1）分析这两种算法在最坏情况下的时间复杂度。

（2）设计一个时间复杂度更低的算法。

12．有一堆不同大小的水杯和杯盖，恰好可以配成 *n* 套，设计平均时间复杂度最低的算法，为每个水杯尽快找到配套的杯盖。

提示：该算法不能比较杯盖大小，也不能比较水杯大小。找的过程可以描述为：把 1 个杯盖试着与水杯配套，结果只能是以下三种情况之一：杯盖大、水杯口大、恰好符合。

13．当 *n*>1 时，可用将 *n* 分解为 $n = n_1 n_2 ... n_i$，其中 $n_i \geq 2$。如 *n*=6 时可以分解为 3 个公式：6=2×3，6=3×2，6=6。*n*=12 时可以分解为 8 个公式：12=2×6，12=6×2，12=4×3，12=3×4，12=12，12=2×2×3，12=2×3×2，12=3×2×2。设计算法求 *n* 的不同分解式的个数。

14．在一个已经排好序的序列中，查找与给定值 *x* 最接近的元素，若有多个元素满足要求，则输出最小的一个。

# 第 4 章  动 态 规 划

**本章学习重点：**

● 理解动态规划算法的概念。

● 掌握动态规划算法的基本要素：最优子结构性质、重叠子问题性质。

● 掌握设计动态规划算法的步骤：

 （1）找出最优解的性质，并刻画其结构特征。

 （2）递归地定义最优值。

 （3）以自底向上的方式计算出最优值。

 （4）根据计算最优值时得到的信息，构造最优解。

● 通过应用范例学习动态规划算法设计策略：矩阵连乘问题、最长公共子序列、最大子段和、合唱队形问题、0-1 背包问题等。

## 4.1  几 个 实 例

对于一个具有 $n$ 个输入的最优化问题，其求解过程往往可以划分为若干个阶段，每一阶段的求解过程依赖于前一阶段的求解结果，动态规划就是将这种多阶段求解问题进行公式化的一种方法，由贝尔曼（R. Bellman）于 1957 年提出。

下面看几个实例，在这些实例中，每一阶段的求解过程依赖于前一阶段的求解结果。

### 4.1.1  爬楼梯问题

有 $n$ 级楼梯，有 2 种爬法，1 次 1 级或 1 次 2 级，问：$n$ 级楼梯有多少种爬法？

分析如下：

当 $n<0$ 时，无解。

当 $n=1$ 时，有一种方法，1 次爬 1 级，$f(n)=1$。

当 $n=2$ 时，有两种方法，1 次 1 级爬 2 次，或 1 次 2 级，$f(n)=2$。

当 $n>2$ 时，第 1 次跳 1 级还是 2 级，决定了剩余台阶跳法数目的不同：如果第 1 次只跳 1级，则后面剩下的 $n-1$ 级台阶的跳法数目为 $f(n-1)$；如果第 1 次跳 2 级，则后面剩下的 $n-2$级台阶的跳法数目为 $f(n-2)$。

通过分析可知，该问题本质上是斐波那契数列问题。递归公式如下：

$$F(n)=\begin{cases} 1, & n=0 \\ 1, & n=1 \\ F(n-1)+F(n-2), & n>1 \end{cases}$$

求解 $F(5)$ 的过程如图 4.1 所示。

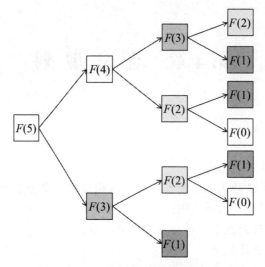

图 4.1  $F(5)$ 的递归求解过程

从图 4.1 可以看出，如果采用递归算法求解，求解过程中将存在很多重复计算。

### 4.1.2  国王挖金矿问题

1. 问题描述

有一个国家发现了 10 座金矿（金矿编号为 1，2，3，…，10），每座金矿的黄金储量不同，而且每座金矿需要参与开采的工人数也不同，但是开采每一座金矿需要的人数是固定的，多一个人少一个人都不行，其中金矿 $i$ 需要的人数为 peopleNeeded[i]；开采一座金矿的工人完成开采工作后，不再去开采其他金矿，因此一个人最多只能使用一次；每一座金矿所挖出来的金子数是固定的，当第 $i$ 座金矿恰好有 peopleNeeded[i]人去挖的话，就一定能挖出 gold[i]个金子，否则一个金子都挖不出来；每座金矿要么全挖，要么不挖，不能派出一半人开采一半金矿。假设参与挖金矿的工人总数为 10000，问国王如何安排工人去挖金矿才能得到尽可能多的黄金？

2. 求解思路

假设函数 $F(x, y)$ 表示有 $x$ 座金矿、$y$ 个工人的条件下所能获得的最大黄金量，金矿编号为 1，2，…，$N$，工人数为 $M$。

第一种思路：穷举法。每一座金矿都有两种状态，即挖或不挖，因此共有 $2^N$ 种选择，采用穷举法对其遍历，求出最大值即可。

第二种思路：动态规划法。针对编号为 $N$ 的金矿，如果开采该座金矿，则可以得到 gold[$N$]个金子，同时占用工人数 peopleNeeded[$N$]，剩下的 $N-1$ 个矿还可以用 $M$-peopleNeeded[$N$]个工人；这种情况下能够获得最大黄金量为 gold[$N$]+ $F(N-1, M$-peopleNeeded[$N$])。

针对编号为 $N$ 的金矿，如果不开采该座金矿，则可以得到 0 个金子，同时占用工人数为 0，剩下的 $N-1$ 个矿还可以用 $M$ 个工人；这种情况下能够获得最大黄金量为 $F(N-1, M)$。

那么对编号为 $N$ 的金矿，我们可以取上述两种情况下的最大值，依此类推，可以得到求解国王挖金矿问题的递推公式：

$$F(N, M)=\max(F(N-1, M), F(N-1, M\text{-peopleNeeded}[N])+\text{gold}[N])$$

在上述递推公式中，可以发现，后面的求解过程依赖于前面的求解结果。

### 4.1.3　矩阵连乘问题

1. 问题描述

两个矩阵 $X_{mn}$ 和 $Y_{nl}$ 相乘的前提是 $X$ 矩阵的列数和 $Y$ 矩阵的行数相同，我们称这两个矩阵是可乘的，具体计算公式如下：

$$X_{mn}Y_{nl} = Z_{ml}$$
$$= \begin{bmatrix} x_{11}, x_{12}, ..., x_{1n} \\ x_{21}, x_{22}, ..., x_{2n} \\ \vdots \\ x_{m1}, x_{m2}, ..., x_{mn} \end{bmatrix} \begin{bmatrix} y_{11}, y_{12}, ..., y_{1l} \\ y_{2l}, y_{22}, ..., y_{2l} \\ \vdots \\ y_{n1}, y_{n2}, ..., y_{nl} \end{bmatrix}$$
$$= \begin{bmatrix} z_{11}, z_{12}, ..., z_{1l} \\ z_{2l}, z_{22}, ..., z_{2l} \\ \vdots \\ z_{m1}, z_{m2}, ..., z_{ml} \end{bmatrix}$$

矩阵连乘问题描述如下：给定 $n$ 个矩阵 $\{A_1, A_2, ..., A_n\}$，其中 $A_i$（$i=1,2...,n$）的维数为 $P_{i-1}P_i$，$A_i$ 与 $A_{i+1}$ 是可乘的，计算这 $n$ 个矩阵的连乘积 $A_1A_2...A_n$。由于矩阵乘法满足结合律，所以计算矩阵的连乘可以有许多不同的计算次序，这种计算次序可以用加括号的方式来确定。

若 1 个矩阵连乘积的计算次序完全确定，就称为该连乘积已完全加括号，则可以依此次序反复调用 2 个矩阵相乘的标准算法计算出矩阵连乘积。

完全加括号的矩阵连乘积可递归地定义为：①单个矩阵是完全加括号的；②矩阵连乘积 $A$ 是完全加括号的，则 $A$ 可表示为 2 个完全加括号的矩阵连乘积 $B$ 和 $C$ 的乘积并加括号，即 $A=(BC)$。

下面给出矩阵相乘所需要的计算代价。当两个矩阵相乘时，若矩阵 $A$ 的维数为 $pq$，矩阵 $B$ 的维数为 $qr$，则矩阵 $C=AB$ 的维数为 $pr$。如果采用标准乘法，主要计算量在三重循环，总共需要 $p×q×r$ 次矩阵元素相乘。当多个矩阵相乘时，不同的计算次序（加括号方式）不同，矩阵元素相乘的总次数也不同。

举例说明：设有 4 个矩阵 $A$，$B$，$C$，$D$，它们的维数分别是 40×5，5×30，30×20，20×5。这 4 个矩阵相乘可以采用不同的加括号的方式：

（1）(A(BCD))→(A(B(CD)))需要算的乘法次数为

$$30×20×5+5×30×5+40×5×5=4750$$

（2）(A(BCD))→(A((BC)D))需要算的乘法次数为

$$5×30×20+5×20×5+40×5×5=4500$$

（3）((AB)CD)→((AB)(CD))需要算的乘法次数为

$$40×5×30+30×20×5+40×30×5=15000$$

（4）((ABC)D)→(((AB)C)D)需要算的乘法次数为

$$40×5×30+40×30×20+40×20×5=34000$$

（5）((ABC)D)→((A(BC))D)需要算的乘法次数为

$$5×30×20+40×5×20+40×20×5=11000$$

从上面的结果可以看出，不同的计算次序需要算的乘法次数不同，第2种加括号的方式需要算的乘法次数最少。下面对一般情况进行讨论。

给定 $n$ 个矩阵$\{A_1,A_2,...,A_n\}$，其中 $A_i$（$i=1,2...,n$）与 $A_{i+1}$ 是可乘的，$i=1,2,...,n-1$。如何确定计算矩阵连乘积的计算次序？我们可以采用不同的方法来进行分析计算。

2. 求解思路

（1）穷举法。列举出所有可能的计算次序，并计算出每一种计算次序需要的数乘次数，从中找出一种数乘次数最少的计算次序。

对于 $n$ 个矩阵的连乘积，设其不同的计算次序的数乘次数为 $P(n)$。由于每种加括号方式都可以分解为两个子矩阵的加括号问题$(A_1A_2...A_k)(A_{k+1}A_{k+2}...A_n)$，可以得到关于 $P(n)$ 的递推式如下：

$$P(n)=\begin{cases} 1, & n=1 \\ \sum_{k=1}^{n-1}P(k)P(n-k), & n>1 \end{cases}$$

$P(n)$是卡特兰数，其结果为 $\Omega(4^n/n^{3/2})$，也就是说 $P(n)$随着 $n$ 的增长呈指数增长。所以该问题不适合用穷举法求解。

（2）动态规划法求矩阵连乘问题。记矩阵连乘$\{A_iA_{i+1}...A_j\}$的表达式为 $A[i:j]$，$i\leqslant j$，则矩阵连乘$\{A_1A_2...A_n\}$可记作 $A[1:n]$。假设最后一次计算次序（加括号）在矩阵 $A_k$ 和 $A_{k+1}$（$1\leqslant k<n-1$）之间断开，则其相应的完全加括号形式为$(A_1A_2...A_k)(A_{k+1}A_{k+2}...A_n)$，其中前半部分可记为 $A[1:k]$，后半部分记为 $A[k+1:n]$。

因此在求解计算次数时，我们可先分别计算 $A[1:k]$和 $A[k+1:n]$，然后将两个连乘积再相乘得到 $A[1:n]$。最终矩阵连乘 $A[1:n]$的最优计算次序的计算量等于 $A[1:k]$和 $A[k+1:n]$两者的最优计算次序的计算量之和，再加上 $A[1:k]$和 $A[k+1:n]$相乘的计算量。

假设计算 $A[i:j]$（$0\leqslant i\leqslant j\leqslant n-1$）所需要的最少数乘次数为 $m[i,j]$，则原问题的最优值为 $m[1,n]$。

当$i=j$ 时，$A[i:j]=A_i$，只有1个矩阵，因此，$m[i,i]=0$，$i=1,2,...,n$。

当$i<j$ 时，假设求解 $A[i:j]$的最优次序在 $A_k$ 处断开，则

$$m[i,j]=m[i,k]+m[k+1,j]+P_{i-1}P_kP_j$$

这里 $A$ 的维数为 $P_{i-1}P_j$，$P_{i-1}P_kP_j$是计算 $A_{i...k}$ 和 $A_{k+1...j}$ 的代价。但是我们不知道 $k$ 的具体位置，根据上述分析，$k$ 可以取 $i$，$i+1$，…，$j-1$，其位置有 $j-i$ 种可能性。因此，可以递归地定义 $m[i,j]$为

$$m[i,j]=\begin{cases} 0, & i=j \\ \min_{i\leqslant k\leqslant j}\{m[i,k]+m[k+1,j]+p_{i-1}p_kp_{ij}\}, & i<j \end{cases}$$

$k$ 的位置只有 $j-i$ 种可能，只需要遍历这 $j-i$ 个值就可以找到 $m[i,j]$最优值。随着 $i$，$j$ 的增大，在已经计算出的 $m[i,j]$基础上，逐步计算，最终得到 $m[1,n]$。

可以用递归算法求解该问题，算法描述如下：

```
int m(i,j)
{   if(i==j)   return 0;
    if (i==j-1)   return p[i-1]p[i]p[j];
    u=m(i,i)+m(i+1,j)+p[i-1]p[i]p[j];
    for (k=i+1;k<j;k++)
        {   t=m(i,k)+m(k+1,j)+p[i-1]p[k]p[j];
            u=min(t,u);
        }
    return u;
}
```

图 4.2 给出了用递归算法求解 4 个矩阵连乘出现的重复计算。

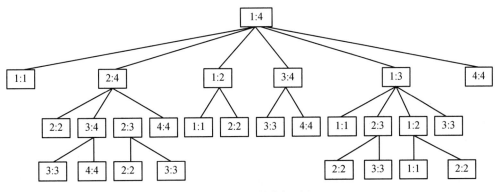

图 4.2    $A[1:4]$ 的求解过程

类似求解斐波那契数列，在递归求解过程中，许多子问题被重复计算了多次。如求 $m(2,4)$ 用到了 $m(2,2)$、$m(3,4)$、$m(2,3)$、$m(4,4)$；求 $m(1,4)$ 用到了 $m(1,2)$、$m(3,4)$、$m(2,3)$、$m(4,4)$ 等。

## 4.2    动态规划算法的基本思想

### 4.2.1    动态规划算法的特征

分治法所能解决的问题一般具有以下几个特征：该问题的规模缩小到一定程度时就可以容易地解决；该问题可以分解为若干个规模较小的性质相同的子问题，即该问题具有最优子结构性质；利用该问题分解出的子问题的解可以合并为该问题的解；该问题所分解出的各个子问题是相互独立的，即子问题之间不重叠。

上一节列出的几个实例，也是将待求解问题分解成若干个子问题，但是经分解得到的子问题往往不是互相独立的，这些子问题的数目常常只有多项式量级，如果用分治法求解，则有些子问题被重复计算了许多次，此时，我们可以采用动态规划算法求解该类问题。

动态规划算法将待求解问题分解成若干个相互重叠的子问题，只需要将子问题的解求解一次，将得到的结果填入表格（数组）中，当需要再次求解此子问题时，可以通过查表格（数组）获得该子问题的解而不用再次求解，从而避免了大量重复计算。

因此，用动态规划算法求解的问题具有以下特征：

（1）最优子结构性质。动态规划算法具有最优子结构性质，也就是说该问题的最优解中也包含着其子问题的最优解。

如何分析最优子结构性质？可以采用反证法。首先假设由问题的最优解导出的子问题的解不是最优的，然后再设法说明在这个假设下可构造出比原问题最优解更好的解，从而导致矛盾。利用问题的最优子结构性质，自底向上地、递归地从子问题的最优解逐步构造出整个问题的最优解。具有最优子结构性质是问题能用动态规划算法求解的前提。

（2）重叠子问题。用递归算法求解问题时，每次产生的子问题并不总是新问题，有些子问题被反复计算多次，这种性质称为重叠子问题性质。

用动态规划算法求解该类问题时，对每一个子问题只解一次，然后将其解保存在一个表格中，当再次需要解此子问题时，只是简单地用常数时间查看一下结果。通常不同的子问题个数随问题的大小呈多项式增长。因此用动态规划算法只需要多项式时间，就可获得较高的解题效率。

### 4.2.2 动态规划算法求解过程

下面给出动态规划算法求解问题的基本步骤：①找出最优解的性质，并刻画其结构特征；②递归地定义最优值；③以自底向上的方式计算出最优值；④根据计算最优值时得到的信息构造最优解。

我们使用动态规划算法对 4.1.3 描述的矩阵连乘问题进行求解。

（1）最优子结构性质。计算 $A[i:j]$ 的最优次序所包含的计算矩阵子链 $A[i:k]$ 和 $A[k+1:j]$ 的次序也是最优的。如果计算 $A[i:k]$ 的次序存在更少的计算量，那么可以用此计算次序替换原来的次序，最终得到的 $A[i:j]$ 的计算量比我们之前得到的最优次序所需计算量更少，这是矛盾的。因此，矩阵连乘计算次序问题的最优解包含着其子问题的最优解，如果两个矩阵子序列的计算次序不是最优的，则原矩阵的计算次序也不可能是最优的。

（2）建立递归关系。

$$m[i,j] = \begin{cases} 0, & i = j \\ \min_{i \leq k \leq j} \{m[i,k] + m[k+1,j] + p_{i-1}p_k p_j\}, & i < j \end{cases}$$

$k$ 的位置只有 $j-i$ 种可能，最优完全加括号（最优值）必然要用到这 $j-i$ 个值中的一个，故只需要逐个检查这 $j-i$ 个值就可以找到 $m[i,j]$ 最优值。随着 $i$, $j$ 的增大，在已经计算出的 $m[i,j]$ 基础上，逐步计算，最终得到 $m[1,n]$。

（3）计算最优值。用动态规划算法解此问题，可依据其递归式以自底向上的方式进行计算。在计算过程中，保存已解决的子问题答案。每个子问题只计算一次，而在后面需要时只要简单查一下，即可避免大量的重复计算，最终得到多项式时间的算法。

动态规划算法求解该问题的算法描述如下：

```
template<class Type>
void MatrixChain1(int *p,int n,int **m,int **s)
{   for (int i = 1; i <= n; i++)
        m[i][i] = 0;
    for (int r = 2; r <= n; r++)                    //r：矩阵连乘个数
```

```
for (int i = 1; i <= n - r+1; i++)      //i: r 个矩阵连乘时第 1 个矩阵的下标
    { int j=i+r-1;            //j: r 个矩阵连乘时最后 1 个矩阵的下标
      m[i][j] = m[i+1][j]+ p[i-1]*p[i]*p[j];   //= m[i][i]+m[i+1][j]+ p[i-1]*p[i]*p[j]
      for (int k = i+1; k < j; k++)
        { int t = m[i][k] + m[k+1][j] + p[i-1]*p[k]*p[j];
          if (t < m[i][j])
            m[i][j] = t;
        }
    }
}
```

举个例子来看该问题的求解过程。设有 4 个矩阵 $A_1$，$A_2$，$A_3$，$A_4$，它们的维数分别是：$40×5$，$5×30$，$30×20$，$20×5$。根据 MatrixChain1 算法的描述可以得到：

$m[1][2]=40×5×30=6000$

$m[2][3]=5×30×20=3000$

$m[3][4]=30×20×5=3000$

$m[1][3]=\min\{m[1][2]+40×30×20,m[2][3]+40×5×20\}$
$\qquad =\min\{6000+24000,3000+4000\}=7000$

同样有：$m[2][4]=3500$

$m[1][4]=\min\{m[2][4]+40×5×5,m[1][2]+m[3][4]+40×30×5,m[1][3]+40×20×5\}$
$\qquad =\min\{4500,15000,11000\}=4500$

因此，$A_1A_2A_3A_4$ 四个矩阵连乘的最少乘法次数为 4500，那么在求解过程中如何记录它们的最优求解次序（加括号的方式）？

（4）构造最优解。算法 MatrixChain1 只计算出了最优值，但未给出最优解。也就是说，通过算法 MatrixChain1 的计算，只知道最少乘法次数，不知道具体应该按照什么次序（加括号的方式）做矩阵的乘法才能求得最少乘法次数。为了确定加括号的次序，我们将求解矩阵链 $A[i:j]$ 的最少乘法次数时最后一次运算断开的位置 $k$ 记录在 $s[i][j]$ 中，即 $s[i][j]$ 中记录的值 $k$ 表明矩阵链 $A[i:j]$ 的最优断开位置为 $(A[i:k])(A[k+1:j])$。因此，从 $s[1][n]$ 记录的信息可计算 $A[1:n]$ 的最优加括号方式。

记录了断开位置的 MatrixChain 算法描述如下：

```
template<class Type>
void MatrixChain(int *p,int n,int **m,int **s)
    {  for (int i = 1; i <= n; i++)
          m[i][i] = 0;
       for (int r = 2; r <= n; r++)
          for (int i = 1; i <= n - r+1; i++)
        { int j=i+r-1;
          m[i][j] = m[i+1][j]+ p[i-1]*p[i]*p[j];
          s[i][j] = i;
          for (int k = i+1; k < j; k++)
            { int t = m[i][k] + m[k+1][j] + p[i-1]*p[k]*p[j];
              if (t < m[i][j])
                { m[i][j] = t;
                  s[i][j] = k;
                }
```

```
                }
            }
        }
```

（5）实例。设有 6 个矩阵 $A_1$，$A_2$，$A_3$，$A_4$，$A_5$，$A_6$，它们的维数分别是：30×35，35×15，15×5，5×10，10×20，20×25。矩阵维数序列如下：

| $P_0$ | $P_1$ | $P_2$ | $P_3$ | $P_4$ | $P_5$ | $P_6$ |
|---|---|---|---|---|---|---|
| 30 | 35 | 15 | 5 | 10 | 20 | 25 |

求最优完全加括号方式，使得矩阵元素相乘次数最少。

根据算法 MatrixChain 可以求得 $m[i][j]$ 和 $s[i][j]$ 的值，如图 4.3 所示。

|   | j=1 | 2 | 3 | 4 | 5 | 6 |
|---|---|---|---|---|---|---|
| i=1 | 0 | 15750 | 7875 | 9375 | 11875 | 15125 |
| 2 |  | 0 | 2625 | 4375 | 7125 | 10500 |
| 3 |  |  | 0 | 750 | 2500 | 5375 |
| 4 |  |  |  | 0 | 1000 | 3500 |
| 5 |  |  |  |  | 0 | 5000 |
| 6 |  |  |  |  |  | 0 |

|   | j=1 | 2 | 3 | 4 | 5 | 6 |
|---|---|---|---|---|---|---|
| i=1 | 0 | 1 | 1 | 3 | 3 | 3 |
| 2 |  | 0 | 2 | 3 | 3 | 3 |
| 3 |  |  | 0 | 3 | 3 | 3 |
| 4 |  |  |  | 0 | 4 | 5 |
| 5 |  |  |  |  | 0 | 5 |
| 6 |  |  |  |  |  | 0 |

图 4.3　$m[i][j]$ 和 $s[i][j]$ 的值

$m[2][5]=\min\{m[2][2]+m[3][5]+P_1P_2P_5,$

$\qquad m[2][3]+m[4][5]+P_1P_3P_5,$

$\qquad m[2][4]+m[5][5]+P_1P_4P_5\}$

$\quad = \min\{0+2500+35×15×20,$

$\qquad 2625+1000+35×5×20,$

$\qquad 4375+0+35×10×20\}$

$\quad = \min\{13000,7125,11375\}=7125$

此时 $k=3$，因此 $s[2][5]=3$。

根据 $s[i][j]$ 的记录，可以计算 $A[1:6]$ 的最优加括号方式：

$s[1][6]=3$，说明 $A_1A_2A_3A_4A_5A_6$ 六个矩阵连乘时，最后一次的括号应该加在矩阵 $A_3$ 的后面：$(A_1A_2A_3)(A_4A_5A_6)$。

$s[1][3]=1$，说明 $A_1A_2A_3$ 三个矩阵连乘时，最后一次的括号应该加在矩阵 $A_1$ 的后面：$(A_1(A_2A_3))$。

$s[4][6]=5$，说明 $A_4A_5A_6$ 三个矩阵连乘时，最后一次的括号应该加在矩阵 $A_5$ 的后面：$((A_4A_5)A_6)$。

（6）算法复杂度分析。求解矩阵连乘问题的递归算法复杂度高，非递归算法复杂度较低。递归动态规划算法的子问题被多次重复计算，子问题计算次数呈指数增长；非递归动态规划算法每个子问题只计算一次，子问题的计算随问题规模的增大呈多项式增长。

算法 matrixChain 的主要计算量取决于算法中对 $r$，$i$ 和 $k$ 的三重循环。循环体内的计算量为 $O(1)$，而三重循环的总次数为 $O(n^3)$。因此算法的计算时间上界为 $O(n^3)$。算法所占用的空间显然为 $O(n^2)$。

# 4.3　备忘录方法

备忘录方法是动态规划算法的变形，通过分治思想对原问题进行分解，仍然采用递归算法求解，区别在于备忘录方法为每个解过的子问题建立了备忘录，把解过的子问题存起来，以备需要时查看，如果该子问题已经求解过答案，直接用该答案即可，避免了相同子问题的重复求解。

采用备忘录方法求解矩阵连乘问题的算法描述如下：

```
int LookupChain(int i, int j)
{   if (m[i][j] > 0)
    return m[i][j];
    if (i == j)
       return 0;
    int u = LookupChain(i,i) + LookupChain(i+1,j) + p[i-1]*p[i]*p[j];
    s[i][j] = i;
    for (int k = i+1; k < j; k++)
    {   int t = LookupChain(i,k) + LookupChain(k+1,j) + p[i-1]*p[k]*p[j];
        if (t < u)
        {   u = t;
            s[i][j] = k;
        }
    }
    m[i][j] = u;
    return u;
}
```

通过上述算法描述，我们可以看出，备忘录方法也是用表格保存已解决的子问题的答案，与动态规划算法不同的是，备忘录的递归方式是自顶向下（从最终状态开始，找到可以达到该状态的前一个状态，如果前一个状态还没有被处理，就先去处理该状态）的，而动态规划算法的求解过程是自底向上（从初始的已知状态出发，逐步向外拓展，达到最终目的的过程）的。

既然备忘录方法和动态规划算法都能用来求解同一问题，那么到底用动态规划算法还是备忘录方法呢？

一般来讲，当一个问题的所有子问题都至少要解一次时，用动态规划算法比用备忘录法好。此时，动态规划算法没有任何多余的计算，我们一般利用提前定义好的表格存取重叠子问题的计算结果，减少动态规划算法的时间和空间需求。

当子问题空间中的部分子问题可不必求解时，用备忘录方法则更为有利，因为从其控制结构可以看出，备忘录方法只解那些确实需要求解的子问题。

# 4.4　最长公共子序列

## 4.4.1　最长公共子序列问题

能高效地查找最长公共子序列（the Longest Common Subsequence，LCS）的算法可以用于比较多篇文章的最长相同片段（论文反抄袭，查重，学术不端检测等应用），生物学上的基因比较等实际应用。

学术不端文献检测系统采用资源对比总库，不仅针对不同的文档类型和内容特征，支持从词、句子到段落的数字指纹定义，而且可以对图、表等特殊检测对象进行基于标题、上下文、图表内容结合的相似性检测处理，可以根据特定的概念、观点、结论等内容进行智能信息分类处理，实现语义级别的内容检测，可以用于抄袭、伪造、一稿多投、篡改、不正当署名、一个成果多篇发表等多种学术不端行为的检测。

在生物学的应用中，经常要比较两个不同有机体的 DNA 序列，即序列比对（Sequence Alignment）。生物有机体的 DNA 可以表示为四种碱基{A,C,T,G}的字符序列，可以通过序列之间的相似比较来推断不同物种之间的进化关系，常应用于亲子鉴定、基因溯源等。

上面两种实例都用到了相似度的概念，在算法设计时，我们把这种相似度概念抽象化为最长公共子序列问题，公共子序列越长，可以认为相似度越高。

下面给出子序列及公共子序列的描述。

对给定序列 $X=(x_1, x_2,..., x_m)$ 和序列 $Z=(z_1, z_2,..., z_k)$，$Z$ 是 $X$ 的子序列，当且仅当存在一个严格递增的下标序列 $(i_1, i_2,..., i_k)$，使得对于所有 $j=1, 2, ..., k$，有 $z_j = x_{i_j}$（$1 \leq i_j \leq m$）。

给定两个序列 $X$ 和 $Y$，当序列 $Z$ 既是 $X$ 的子序列又是 $Y$ 的子序列时，称 $Z$ 是序列 $X$ 和 $Y$ 的公共子序列。最长公共子序列问题就是在序列 $X$ 和 $Y$ 的公共子序列中查找长度最长的公共子序列。

如序列 $X=\{ABCBDAB\}$ 和序列 $Y=\{BDCABA\}$，有一个公共子序列 $Z=\{BCA\}$，但这个序列不是最长公共子序列。最长公共子序列 $Z$ 有 3 个，分别是$\{BCBA\}$、$\{BDAB\}$、$\{BCAB\}$。

### 1. 最优子结构性质

下面证明最长公共子序列问题满足最优性原理，即具有最优子结构性质。

设序列 $X_m=\{x_1, x_2,..., x_m\}$ 和 $Y_n=\{y_1, y_2,..., y_n\}$ 的最长公共子序列为 $Z_k=\{z_1, z_2,..., z_k\}$，则有以下性质：①若 $x_m=y_n$，则 $z_k=x_m=y_n$，且 $Z_{k-1}$ 是 $X_{m-1}$ 和 $Y_{n-1}$ 的最长公共子序列；②若 $x_m \neq y_n$ 且 $z_k \neq x_m$，则 $Z$ 是 $X_{m-1}$ 和 $Y$ 的最长公共子序列；③若 $x_m \neq y_n$ 且 $z_k \neq y_n$，则 $Z$ 是 $X$ 和 $Y_{n-1}$ 的最长公共子序列。

证明如下：

（1）如果 $z_k \neq x_m$，那么可以将 $x_m=y_n$ 追加到 $Z$ 的末尾，就可以得到 $X$ 和 $Y$ 的一个长度为 $k+1$ 的公共子序列，这与已知长度为 $k$ 的 $Z$ 为 $X$ 和 $Y$ 的最长公共子序列的假设矛盾。因此必然有 $z_k=x_m=y_n$。因此，子序列 $Z_{k-1}$ 是 $X_{m-1}$ 和 $Y_{n-1}$ 的一个长度为 $k-1$ 的公共子序列。我们需要证明它是一个最长公共子序列。利用反证法，假设存在 $X_{m-1}$ 和 $Y_{n-1}$ 一个长度大于 $k-1$ 的公共子序列 $T$，则将 $x_m=y_n$ 追加到 $T$ 的末尾后，可以得到 $X$ 和 $Y$ 的一个长度大于 $k$ 的公共子序列。这与已知 $X$ 和 $Y$ 的最长公共子序列 $Z$ 长度为 $k$ 矛盾。

（2）因为 $Z$ 是 $X$ 和 $Y$ 的最长公共子序列，所以 $Z$ 中每个字母都同时在 $X$ 和 $Y$ 中，且相对顺序不变。

如果 $z_k \neq x_m$，因 $z_k$ 在 $X$ 中一定存在，则 $z_k$ 必定在$\{x_1, x_2,..., x_{m-1}\}$中。又因为 $z_k$ 是 $Z$ 中最后一个字母，其他字母都在 $z_k$ 之前，所以其他字母也只能在$\{x_1, x_2,..., x_{m-1}\}$中，即整个子序列 $Z$ 都在$\{x_1, x_2,..., x_{m-1}\}$中，又因为 $Z$ 是 $Y$ 的子序列，所以 $Z$ 是 $X$ 和 $Y$ 的公共子序列。

$Z$ 是 $X_{m-1}$ 和 $Y$ 的最长公共子序列，用反证法证明。假设还存在长度大于 $k$ 的 $T$ 是 $X_{m-1}$ 和 $Y$ 的子序列，那么根据前面的分析可知，$T$ 也是 $X_m$ 和 $Y$ 的子序列，这与已知 $X_m$ 和 $Y$ 的最长公共

子序列长度为 $k$ 矛盾。因为 $T$ 不存在，即长度大于 $k$ 的 $X_{m-1}$ 和 $Y$ 的子序列不存在，则长度为 $k$ 的 $Z$ 是 $X_{m-1}$ 和 $Y$ 的最长公共子序列。

（3）证明方法同（2）。

由此可见，2 个序列的最长公共子序列包含了这 2 个序列的子序列的最长公共子序列。因此，最长公共子序列问题具有最优子结构性质。

**2. 子问题的递归结构**

要找出序列 $X=\{x_1, x_2,..., x_m\}$ 和 $Y=\{y_1, y_2,..., y_n\}$ 的最长公共子序列，可按下述递推方式计算：当 $x_m=y_n$ 时，找出 $X_{m-1}$ 和 $Y_{n-1}$ 的最长公共子序列，然后在其尾部加上 $x_m$ 即可得到 $X$ 和 $Y$ 的最长公共子序列；当 $x_m \neq y_n$ 时，必须求解两个子问题：找出 $X_{m-1}$ 和 $Y$ 的最长公共子序列以及 $X$ 和 $Y_{n-1}$ 的最长公共子序列，这两个公共子序列中的比较长的即为 $X$ 和 $Y$ 的最长公共子序列。

证明：如果 $x_m \neq y_n$，则 $X_{m-1}$ 和 $Y_n$ 的最长公共子序列与 $X_m$ 和 $Y_{n-1}$ 的最长公共子序列中较长的一个为 $X$ 和 $Y$ 的最长公共子序列。

当 $x_m \neq y_n$ 时，必然有 $z_k \neq x_m$ 或 $z_k \neq y_n$（因为如果这二者都没有的话，则 $z_k=x_m=y_n$，与前提矛盾）。则有 $Z$ 是 $X_{m-1}$ 和 $Y_n$ 的最长公共子序列或 $Z$ 是 $X_m$ 和 $Y_{n-1}$ 的最长公共子序列。则求 $X_m$ 和 $Y_n$ 的最长公共子序列等同于求 $X_{m-1}$ 和 $Y_n$ 的最长公共子序列或 $X_m$ 和 $Y_{n-1}$ 的最长公共子序列。

即当 $x_m \neq y_n$ 时，有：

（1）$z_k \neq x_m$，$X_m$ 和 $Y_n$ 的最长公共子序列等于 $X_{m-1}$ 和 $Y_n$ 的最长公共子序列。

（2）$z_k \neq y_n$，$X_m$ 和 $Y_n$ 的最长公共子序列等于 $X_m$ 和 $Y_{n-1}$ 的最长公共子序列。

以上两种情况包含了 $x_m \neq y_n$ 时所有可能的情况，因为所求的最长公共子序列必然为以上两种情况中的一种，又因为求的是最长，所以所求最长公共子序列=max($X_{m-1}$ 和 $Y_n$ 的最长公共子序列, $X_m$ 和 $Y_{n-1}$ 的最长公共子序列)。

由最长公共子序列问题的最优子结构性质可以直接建立子问题最优值的递归关系。

设有 2 个序列 $X_i=\{x_1, x_2,..., x_i\}$ 和 $Y_j=\{y_1, y_2,..., y_j\}$，用 $c[i][j]$ 记录序列 $X_i$ 和 $Y_j$ 的最长公共子序列的长度。当 $i=0$ 或 $j=0$ 时，空序列是 $X_i$ 和 $Y_j$ 的最长公共子序列，此时 $c[i][j]=0$。其他情况下，由最优子结构的 3 个性质可建立递归关系如下：

$$c[i][j] = \begin{cases} 0, & i=0, j=0 \\ c[i-1][j-1]+1, & i,j>0; x_i = y_j \\ \max\{c[i][j-1], c[i-1][j]\}, & i,j>0; x_i \neq y_j \end{cases}$$

**3. 计算最优值**

根据递归式，给出求序列 $X_m=\{x_1, x_2,..., x_m\}$ 和 $Y_n=\{y_1, y_2,..., y_n\}$ 最长公共子序列的算法描述：

```cpp
template<class Type>
void LCSLength1(int m, int n, char *x, char *y, int **c)
{   int i,j;
    for (i = 1; i <= m; i++)
        c[i][0] = 0;
    for (i = 1; i <= n; i++)
        c[0][i] = 0;
    for (i = 1; i <= m; i++)
```

```
        for (j = 1; j <= n; j++)
          {if (x[i]==y[j])
             c[i][j]=c[i-1][j-1]+1;
          else
             if (c[i-1][j]>=c[i][j-1])
                c[i][j]=c[i-1][j];
             else
                c[i][j]=c[i][j-1];
          }
    }
```

这里 $c[i][j]$ 记录了序列 $X_i$ 和 $Y_j$ 的最长公共子序列的长度。

4. 构造最长公共子序列

由 LCSLength1 算法中的数组 $c$ 可以得到序列 $X_m$ 和 $Y_n$ 具体的最长公共子序列的长度，那么这两个序列的最长公共子序列如何求得？

我们可以用数组 $b[i][j]$ 记录 $c[i][j]$ 的值由哪种子问题求得，$b[i][j]$ 表示在计算 $c[i][j]$ 的过程中的搜索状态，主要用于构造最长公共子序列。

记录了搜索状态的 LCSLength 算法描述如下：

```
template<class Type>
void LCSLength(int m, int n, char *x, char *y, int **c, int **b)
{   int i, j;
    for (i = 1; i <= m; i++)
        c[i][0] = 0;
    for (i = 1; i <= n; i++)
        c[0][i] = 0;
    for (i = 1; i <= m; i++)
    for (j = 1; j <= n; j++)
      {  if (x[i]==y[j])
        {  c[i][j]=c[i-1][j-1]+1;
           b[i][j]=1;
        }
        else
           if (c[i-1][j]>=c[i][j-1])
           {  c[i][j]=c[i-1][j];
              b[i][j]=2;
           }
           else
           {  c[i][j]=c[i][j-1];
              b[i][j]=3;
           }
      }
}
```

构造最长公共子序列的过程可以描述如下。根据上述算法，可以得到二维数组 $b$，从 $b[m][n]$ 开始，根据 $b[i][j]$ 的值进行搜索并输出最长公共子序列元素：

若 $b[i][j]=1$，表明 $X_i$ 和 $Y_j$ 的最长公共子序列是由 $X_{i-1}$ 和 $Y_{j-1}$ 的最长公共子序列在尾部加上 $x_i=y_j$ 求得的，则下一个搜索方向是 $b[i-1][j-1]$，同时输出元素 $x_i$。

若 $b[i][j]=2$，表明 $x_i{\neq}y_j$ 且 $c[i-1][j]{\geqslant}c[i][j-1]$，$X_i$ 和 $Y_j$ 的最长公共子序列与 $X_{i-1}$ 和 $Y_j$ 的最长公共子序列相同，则下一个搜索方向是 $b[i-1][j]$。

若 $b[i][j]=3$，表明 $x_i{\neq}y_j$ 且 $c[i-1][j]{<}c[i][j-1]$，$X_i$ 和 $Y_j$ 的最长公共子序列与 $X_i$ 和 $Y_{j-1}$ 的最长公共子序列相同，则下一个搜索方向是 $b[i][j-1]$。

根据上述思想，给出构造最长公共子序列的算法描述如下：

```
template<class Type>
void LCS(int i,int j,char *x,int **b)
{  if (i==0||j==0)
       return 0;
   if (b[i][j]==1)
     {  LCS(i-1,j-1,x,b);
        cout<<x[i];
     }
   else
     if (b[i][j]==2)
       LCS(i-1,j,x,b);
     else
       LCS(i,j-1,x,b);
}
```

**5. 实例**

已知序列 $X=\{ABCBDAB\}$，$Y=\{BDCABA\}$，求这两个序列的最长公共子序列长度，并构造其最长公共子序列。

由算法 LCSLength 和 LCS 可以求得最长公共子序列长度矩阵 $c$ 和搜索状态矩阵 $b$，如图 4.4 所示。

| $c$ |  | B | D | C | A | B | A |
|---|---|---|---|---|---|---|---|
|  | 0 | 0 | 0 | 0 | 0 | 0 | 0 |
| A | 0 | 0 | 0 | 0 | 1 | 1 | 1 |
| B | 0 | 1 | 1 | 1 | 1 | 2 | 2 |
| C | 0 | 1 | 1 | 2 | 2 | 2 | 2 |
| B | 0 | 1 | 1 | 2 | 2 | 3 | 3 |
| D | 0 | 1 | 2 | 2 | 2 | 3 | 3 |
| A | 0 | 1 | 2 | 2 | 3 | 3 | 4 |
| B | 0 | 1 | 2 | 2 | 3 | 4 | 4 |

| $b$ |  | B | D | C | A | B | A |
|---|---|---|---|---|---|---|---|
|  | 0 | 0 | 0 | 0 | 0 | 0 | 0 |
| A | 0 | 2 | 2 | 2 | 1 | 3 | 1 |
| B | 0 | 1 | 3 | 3 | 2 | 1 | 3 |
| C | 0 | 2 | 2 | 1 | 3 | 2 | 2 |
| B | 0 | 1 | 2 | 2 | 2 | 1 | 3 |
| D | 0 | 2 | 1 | 2 | 2 | 2 | 2 |
| A | 0 | 2 | 2 | 2 | 1 | 2 | 1 |
| B | 0 | 1 | 2 | 2 | 2 | 1 | 2 |

图 4.4 矩阵 $c$ 和矩阵 $b$

由图 4.4 的矩阵 $c$ 可知，序列 $X$ 和 $Y$ 的最长公共子序列长度为 4。

矩阵 $b$ 中 $b[i][j]$ 的取值范围为 1、2、3，分别代表求解最长公共子序列时的搜索方向，$b[i][j]=1$，说明存在最长公共子序列元素，将其输出，同时下一步搜索方向为 $b[i-1][j-1]$，直观上，我们可以用 ↖ 来表示；同理，$b[i][j]=2$ 表示去掉序列 $X$ 的最后一个元素不影响求 $X$ 和 $Y$ 的最长公共子序列，下一步搜索方向为 $b[i-1][j]$，用 ↑ 来表示；$b[i][j]=3$ 表示去掉序列 $Y$ 的最后一个元素不影响求 $X$ 和 $Y$ 的最长公共子序列，下一步搜索方向为 $b[i][j-1]$，用←来表示。根据上述描述方法，我们从 $b[7][6]$ 开始搜索，$b[7][6]=2$，表示下一步搜索方向为 $b[6][6]$；$b[6][6]=1$，输出"A"，下一步搜索方向为 $b[5][5]$；$b[5][5]=2$，表示下一步搜索方向为 $b[4][5]$；$b[4][5]=1$，输出"B"，下一步搜索方向为 $b[3][4]$；$b[3][4]=3$，表示下一步搜索方向为 $b[3][3]$；$b[3][3]=1$，输出"C"，下一步搜索方向为 $b[2][2]$；$b[2][2]=3$，表示下一步搜索方向为 $b[2][1]$；$b[2][1]=1$，输出"B"，下一步搜索方向为 $b[1][0]$；$j=0$，搜索结束。求得最长公共子序列{BCBA}。搜索过程如图 4.5 所示。

| $b$ | | B | D | C | A | B | A |
|---|---|---|---|---|---|---|---|
| | 0 | 0 | 0 | 0 | 0 | 0 | 0 |
| A | 0 | 2 | 2 | 2 | 1 | 3 | 1 |
| B | 0 | 1 | 3 | 3 | 2 | 1 | 3 |
| C | 0 | 2 | 2 | 1 | 3 | 2 | 2 |
| B | 0 | 1 | 2 | 2 | 2 | 1 | 3 |
| D | 0 | 1 | 2 | 2 | 2 | 1 | 2 |
| A | 0 | 2 | 2 | 2 | 1 | 2 | 1 |
| B | 0 | 1 | 2 | 2 | 2 | 1 | 2 |

图 4.5 搜索过程

### 6. 时间复杂度分析及算法改进

算法 LCSLength 中，第一个 for 循环的时间性能是 $O(n)$；第二个 for 循环的时间性能是 $O(m)$；第三个 for 循环是两层嵌套的 for 循环，其时间性能是 $O(mn)$；第四个 for 循环的时间性能是 $O(k)$，而 $k \leqslant \min\{m, n\}$，所以，总的算法时间复杂度为 $O(mn)$。

在算法 LCSLength 和 LCS 中，可进一步将数组 $b$ 省去。因为数组元素 $c[i][j]$ 的值仅由 $c[i-1][j-1]$，$c[i-1][j]$ 和 $c[i][j-1]$ 这 3 个数组元素的值所确定。对于给定的数组元素 $c[i][j]$，可以不借助于数组 $b$ 而仅借助于数组 $c$ 本身，在常数时间内确定 $c[i][j]$ 的值是由 $c[i-1][j-1]$，$c[i-1][j]$ 和 $c[i][j-1]$ 中哪一个值所确定的。

如果只需要计算最长公共子序列的长度，不求出最长公共子序列，则算法的空间需求可大大减少。因为在计算 $c[i][j]$ 的值时，只用到数组 $c$ 的第 $i$ 行和第 $i-1$ 行。因此，用 2 行的数组空间就可以计算出最长公共子序列的长度。

### 4.4.2 所有最长公共子序列

针对序列 $X$={ABCBDAB} 和 $Y$={BDCABA}，通过 4.4.1 的实例分析，我们可以求出一个最长公共子序列{BCBA}，但是序列 $X$ 和 $Y$ 的最长公共子序列不唯一，共有 3 个：{BDAB}、{BCAB}、{BCBA}。为什么 LCS 算法求解时会丢失 2 个序列？用什么方法能求出所有最长公共子序列？

下面来看一下 LCSLength 算法的第 13 行至第 17 行：

```
13          else
14            if (c[i-1][j]>=c[i][j-1])
15              { c[i][j]=c[i-1][j];
```

```
16          b[i][j]=2;
17        }
```

这里的条件是 $c[i-1][j] \geqslant c[i][j-1]$，也就是说当 $c[i-1][j]=c[i][j-1]$ 时，也按照 $c[i-1][j]>c[i][j-1]$ 的情况确定 $c$ 和 $b$ 的值，由此造成在用 LCS 算法回溯 $b$ 求最长公共子序列时，只考虑了一种情况 $c[i][j]>c[i-1][j]$，忽略了 $c[i][j]=c[i][j-1]$。因此可以考虑对 $b[i][j]$ 增加一个取值 4，代表上述情况。也就是说增加以下语句：

```
if (c[i-1][j]==c[i][j-1])
   { c[i][j]=c[i-1][j];
      b[i][j]=4;
}
```

改进后的 LCSLength 算法描述如下：

```
template<class Type>
void LCSLength(int m,int n,char *x,char *y,int **c,int **b)
{   int i,j;
    for (i=1;i<=m;i++)
       c[i][0]=0;
    for (i=1;i<=n;i++)
       c[0][i]=0;
    for (i=1;i<=m;i++)
       for (j=1;j<=n;j++)
         {  if (x[i]==y[j])
              { c[i][j]=c[i-1][j-1]+1;
                 b[i][j]=1;
              }
            else
              if (c[i-1][j]>c[i][j-1])
                 {  c[i][j]=c[i-1][j];
                    b[i][j]=2;
                 }
              else
               if  (c[i-1][j]<c[i][j-1])
                 {  c[i][j]=c[i][j-1];
                    b[i][j]=3;
                 }
               else
                 {  c[i][j]=c[i-1][j];
                    b[i][j]=4;
                 }
         }
}
```

根据上述思想，给出构造最长公共子序列的算法 LCS 描述如下：

```
template<class Type>
void LCS(int i,int j,char *x,int **b)
{   if (i==0||j==0)
        return 0;
```

```
        if (b[i][j]==1)
         {  LCS(i-1,j-1,x,b);
            cout<<x[i];
         }
        else
           if (b[i][j]==2)
             LCS(i-1,j,x,b);
           else
             if (b[i][j]==3)
                LCS(i,j-1,x,b);
             else
              {  LCS(i-1,j,x,b);
                 LCS(i,j-1,x,b);
              }
    }
```

在构造最长公共子序列时，当 $b[i][j]=4$ 时，要考虑两种情况，下一个搜索方向既可以是 $b[i-1][j]$，也可以是 $b[i][j-1]$，直观上看，搜索方向既可以用↑来表示，也可以用←来表示。图 4.5 的矩阵 $b$ 就变为图 4.6 矩阵 $b$。

| $b$ | B | D | C | A | B | A |
|---|---|---|---|---|---|---|
| 0 | 0 | 0 | 0 | 0 | 0 | 0 |
| A 0 | 4 | 4 | 4 | 1 | 3 | 1 |
| B 0 | 1 | 3 | 3 | 4 | 1 | 3 |
| C 0 | 2 | 4 | 1 | 3 | 4 | 4 |
| B 0 | 1 | 4 | 2 | 4 | 1 | 3 |
| D 0 | 2 | 1 | 4 | 4 | 2 | 4 |
| A 0 | 2 | 2 | 4 | 1 | 4 | 1 |
| B 0 | 1 | 2 | 4 | 4 | 1 | 4 |

图 4.6　矩阵 $b$

相应求解过程如图 4.7 所示。

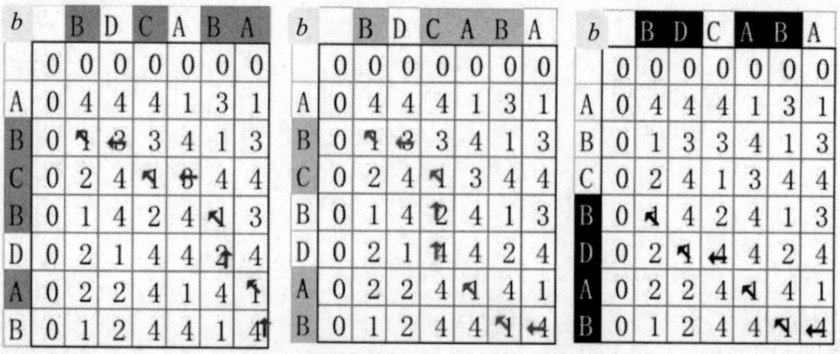

图 4.7　构造最长公共子序列求解过程

由图 4.7 可以得到三个最长公共子序列：{BCBA}、{BCAB}、{BDAB}。

## 4.5　最大子段和

给定由 $n$ 个整数（可以为负整数）组成的序列$(a_1, a_2, ..., a_n)$，最大子段和问题即求该序列形如 $\sum_{k=i}^{j} a_k$ 的最大值（$1 \leqslant i \leqslant j \leqslant n$），当序列中所有整数均为负整数时，其最大子段和为 0。

根据此定义，所求的最优值为：$\max\{0,a[i]+a[i+1]+...+a[j]\}$，这里 $1 \leqslant i \leqslant j \leqslant n$。例如，序列(4, -3, 5, -2, -1, 2, 6, -2)的最大子段和为：

$$\sum_{k=1}^{7} a_k = 11$$

求解该问题可以有多种算法，如简单算法、分治法、动态规划算法。

1. 简单算法

（1）把所有情况都列出来，也就是穷举法。

以 $a[1]$开始：$a[1]$，$a[1]+a[2]$，$a[1]+a[2]+a[3]$，…，$a[1]+a[2]+...+a[n]$，共 $n$ 个。

以 $a[2]$开始：$a[2]$，$a[2]+a[3]$，$a[2]+a[3]+a[4]$，…，$a[2]+a[3]+...+a[n]$，共 $n-1$ 个。

……

以 $a[n]$开始：$a[n]$，共 1 个。

上述情况包含$(n+1)n/2$ 个连续子段，可以用三个 for 循环完成，所需时间是 $O(n^3)$。算法描述如下：

```
int MaxSubsequenceSum(int array[],int n)
{ int maxSum=0;
    for (int i=0;i<n;i++)              //子序列起始位置
    {  for (int j=i;j<n;j++)           //子序列终止位置
        {  int tempSum=0;
            for (int k=i;k<j;k++)      //子序列遍历求和
                tempSum+=array[k];
            if (tempSum>maxSum)        //更新最大和值
                maxSum=tempSum;
        }
    }
    return maxSum;
}
```

（2）由穷举法的求解过程可以发现 $\sum_{k=i}^{j} a_k = a_j + \sum_{k=i}^{j-1} a_k$，因此可以从算法的技巧上改进，改进后可以省去最后一个 for 循环，避免重复计算，算法复杂度为 $O(n^2)$。

```
int MaxSubsequenceSum(int array[], int n)
{int maxSum = 0;
    for (int i = 0;i < n;i++)          //子序列起始位置
    {  int tempSum = 0;
        for (int j = i;j < n;j++)      //子序列终止位置
        {  tempSum += array[j];
            if (tempSum > maxSum)      //更新最大和值
```

```
                        maxSum = tempSum;
                }
        }
        return maxSum;
}
```

2. 分治法

根据分治法的基本思想，首先将该问题分解，然后求解子问题，最后对子问题的解进行合并。具体步骤如下：

（1）划分：将序列$(a_1, a_2, ..., a_n)$划分成长度相同的两个子序列$(a_1, ..., a_{n/2})$和$(a_{n/2+1}, ..., a_n)$，则会出现以下三种情况：

1）$(a_1, a_2, ..., a_n)$的最大子段和=$(a_1, ..., a_{n/2})$的最大子段和，即最大子段和在左边的子序列 $a[1:n/2]$中。

2）$(a_1, a_2, ..., a_n)$的最大子段和=$(a_{n/2+1}, ..., a_n)$的最大子段和，即最大子段和在右边的子序列 $a[n/2+1:n]$中。

3）$(a_1, a_2, ..., a_n)$的最大子段和=$\sum_{k=i}^{j} a_k$ ，且

$$1 \leqslant i \leqslant (n/2), (n/2)+1 \leqslant j \leqslant n$$

即最大子段和横跨两个子序列。

（2）求解子问题：对于划分阶段的第 1 种情况和第 2 种情况可递归求解，第 3 种情况需要分别计算。

在第 3 种情况中，$a[n/2]$和 $a[n/2+1]$这两个元素肯定在最大子段和里。因此，我们在序列$(a_1, ..., a_{n/2})$中从 $a[n/2]$元素开始向左计算 $s_1 = \max_{1 \leqslant i \leqslant n/2} \sum_{k=i}^{n/2} a_k$，并在序列$(a_{n/2+1}, ..., a_n)$中从 $a[n/2+1]$开始向右计算 $s_2 = \max_{n/2+1 \leqslant i \leqslant n} \sum_{k=n/2+1}^{i} a_k$，则 $s_1 + s_2$ 为情况 3 的最大子段和。

（3）合并：比较在划分阶段的三种情况下的最大子段和，取三者之中的较大者为原问题的解。

图 4.8 描述了应用分治法求解最大子段和的方法。

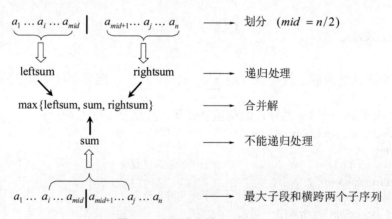

图 4.8 分治法求最大子段和

应用分治法求解最大子段和问题的算法可以描述如下：

```
int MaxSum(int a[ ], int left, int right)
{   sum=0;
    if (left= =right)        //如果序列长度为1，直接求解
    {   if (a[left]>0) sum=a[left];
        else sum=0;
    }
    else
    {   center=(left+right)/2;   //划分
        leftsum=MaxSum(a, left, center);   //对应情况1，递归求解
        rightsum=MaxSum(a, center+1, right);   //对应情况2，递归求解
        s1=0; lefts=0;                //以下对应情况3，先求解s₁
        for (i=center; i>=left; i--)
        {   lefts+=a[i];
            if (lefts>s1)
            s1=lefts;
        }
        s2=0; rights=0;               //再求解s₂
        for (j=center+1; j<=right; j++)
        {   rights+=a[j];
            if (rights>s2)
            s2=rights;
        }
        sum=s1+s2;                    //计算情况3的最大子段和
        //合并，在sum、leftsum和rightsum中取较大者
        if (sum<leftsum)
            sum=leftsum;
        if (sum<rightsum)
            sum=rightsum;
    }
    return sum;
}
```

分析上述算法的时间性能，对应划分得到的情况 1 和 2，需要分别递归求解，对应情况 3，两个并列 for 循环的时间复杂度是 $O(n)$，所以，存在如下递推式：

$$T(n)=\begin{cases} 1, & n=1 \\ 2T(n/2)+n, & n>1 \end{cases}$$

该算法时间复杂度为 $O(n\log n)$。

3. 动态规划算法

设数组为 $a[k]$（$1\leqslant k\leqslant n$），最大子段和 $X$ 定义为：$X=\max\limits_{1\leqslant i\leqslant j\leqslant n}\left\{\sum\limits_{k=i}^{j}a[k]\right\}$，从 $X$ 的表达式可

以看出，$X$ 的直观含义就是求任一连续子数组的最大和。

因为所求得的连续子数组肯定以数组中的某个元素结束，因此可以定义

$$b[j] = \max_{1 \le m \le j}\left\{\sum_{k=m}^{j}a[k]\right\}$$（$1 \le j \le n$），从 $b[j]$ 的表达式可以看出，$b[j]$ 的直观含义就是以 $a[j]$ 为结束

元素的连续子数组的最大和。求出所有以某个元素结束的连续子数组最大和 $b[j]$，再取其最大的 $b[j]$，即为 $X$。

因此 $X = \max\limits_{1 \le j \le n} b[j]$。那么如何求得 $b[j]$ 的值？下面给出分析。

（1）当 $b[j-1]>0$ 时，无论 $a[j]$ 为何值，$b[j] = b[j-1] + a[j]$。

（2）当 $b[j-1] \le 0$ 时，无论 $a[j]$ 为何值，$b[j] = a[j]$。

由此我们得出 $b[j]$ 的状态转移方程为：

$$b[j]=\max\{b[j-1]+a[j], a[j]\}$$

例如当 $(a_1,a_2,\dots,a_8) = (4, -3, 5, -2, -1, 2, 6, -2)$ 时，如何求数组 $b$？（$b[j] = \max\{b[j-1]+a[j], a[j]\}$，$1 \le j \le n$）

**解：** $b[1] = \max\{0, a[1]\} = \{0, 4\} = 4$

$b[2] = \max\{b[1]+a[2], a[2]\} = \{4-3, -3\} = 1$

$b[3] = \max\{b[2]+a[3], a[3]\} = \{1+5, 5\} = 6$

$b[4] = \max\{b[3]+a[4], a[4]\} = \{6-2, -2\} = 4$

$b[5] = \max\{b[4]+a[5], a[5]\} = \{4-1, -1\} = 3$

$b[6] = \max\{b[5]+a[6], a[6]\} = \{3+2, 2\} = 5$

$b[7] = \max\{b[6]+a[7], a[7]\} = \{5+6, 6\} = 11$

$b[8] = \max\{b[7]+a[8], a[8]\} = \{11-2, -2\} = 9$

那么，最大子段和为：$\max\limits_{1 \le i \le j \le n}\sum\limits_{k=i}^{j}a_k\left(=\sum\limits_{k=1}^{7}a_k\right) = \max\limits_{1 \le j \le n}b[j] = 11$

由上面的例子，我们可以看出，在求 $b[j]$ 时只用到 $b[j-1]$，而与 $b[j-1]$ 之前的元素无关，因此，在考虑存储空间时，可以不用存储整个 $b$ 数组，而只用一个变量 $b$ 实现。

下面给出动态规划算法求解最大子段和的算法描述：

```
int MaxSubsequenceSum( int array[], int n)
{int maxSum = 0, b=0;
    for (int i = 0;i < n;i++)          //子序列起始位置
    {  if(b>0)
          b+=a[i];
       else
          b=a[i];   //如果前面为零，相加则影响后面结果，所以抛弃前面求得的总和
       if(b>maxSum)
          maxSum =b;
    }
    return maxSum;
}
```

从算法描述可以看出该问题的时间复杂度和空间复杂度均为 $O(n)$。

### 4. 问题拓展

（1）由 n 个元素组成的数组首尾相邻，求其最大子段和，怎么办？

首先将数组扩展为 $a[1],\ldots,a[n],a[1],\ldots a[n-1]$，共 $2n-1$ 个数据，其中后段 $n-1$ 个数据是前段的复制并接于其后。然后求新数组的最大子数组长度不超过 $n$ 的和。

（2）最大子矩阵和：给定一个 $m$ 行 $n$ 列的整数矩阵 $A$，求 $A$ 的一个子矩阵，使其各元素之和为最大。

最大子矩阵和问题是最大子段和问题的二维情况。用二维数组 $a[1:m][1:n]$ 表示给定的 $m$ 行 $n$ 列的整数矩阵。子数组 $a[i_1:i_2][j_1:j_2]$ 表示左上角和右下角行列坐标分别为 $(i_1,j_1)$ 和 $(i_2,j_2)$ 的子矩阵，其各元素之和记为：$s(i_1,i_2,j_1,j_2)=\sum_{i=i_1}^{i_2}\sum_{j=j_1}^{j_2}a[i][j]$。最大子矩阵问题的最优值为

$$\max_{\substack{1\leqslant i_1\leqslant i_2\leqslant m \\ 1\leqslant j_1\leqslant j_2\leqslant n}} s(i_1,i_2,j_1,j_2)$$

（3）最大 $m$ 段和：给定 $n$ 个整数组成的序列，现在要求将序列分割为 $m$ 段，每段子序列中的数在原序列中连续排列。如何分割才能使这 $m$ 段子序列的和为最大值？

最大子段和问题是最大 $m$ 段和问题当 $m=1$ 时的特殊情形。设 $b(i,j)$ 表示数组 $a$ 的前 $j$ 项中 $i$ 个子段和的最大值，且第 $i$ 个子段含 $a[j]$（$1\leqslant i\leqslant m$，$i\leqslant j\leqslant n$），则所求的最优值显然为 $\max_{m\leqslant j\leqslant n} b(m,j)$。与最大子段和问题相似，计算 $b(i,j)$ 的递归式为：

$$b(i,j)=\max\{b(i,j-1)+a[j],\ \max_{i-1\leqslant t<j} b(i-1,t)+a[j]\}\quad(1\leqslant i\leqslant m,\ i\leqslant j\leqslant n)$$

其中 $b(i,j-1)+a[j]$ 表示第 $i$ 个子段和含 $a[j-1]$，$\max_{i-1\leqslant t<j} b(i-1,t)+a[j]$ 项表示 $a[j]$ 单独作为一个子段。

# 4.6 合唱队形问题

$n$ 位同学站成一排，音乐老师要请其中的 $n-k$ 位同学出列，而不改变其他同学的位置，使得剩下的 $k$ 位同学排成合唱队形。合唱队形的要求是：设 $k$ 位同学从左到右依次编号为 $1,2,\cdots$，$k$，他们的身高分别为 $T_1$，$T_2$，$\cdots$，$T_k$，则他们的身高满足 $T_1<T_2<\ldots<T_i>T_{i+1}>\ldots>T_k$（$1\leqslant i\leqslant k$）。已知所有 $n$ 位同学的身高，求最少需要几位同学出列，可以使得剩下的同学排成最长的合唱队形。

### 1. 最优子结构性质

首先进行问题分解，找到该问题的最优子结构。

假设第 $i$ 位同学为个子最高的同学，我们先对其左边的同学求最长上升子序列，再对其右边的同学求最长下降子序列，然后两者相加再减 1（第 $i$ 位同学被重复计算了一次），即可得到第 $i$ 位同学为最高个时所能排成的最长合唱队形。然后对 $n$ 位同学都执行上述操作，便可得到每位同学为最高个时所能排成的最长合唱队形，选取其中最长的合唱队形作为最终的结果。

从上述分析可以看出，我们可以将合唱队形问题分成互相不独立的子问题，只要得到子问题的最优解，便可得到整个问题的最优解。

关键问题是：如何得到以第 $i$ 位同学为最高身高的最长上升子序列和最长下降子序列。

假如这 $n$ 位同学的身高分别为：176cm，150cm，163cm，180cm，170cm，148cm，167cm，160cm。我们用 up[i] 来记录第 $i$ 位同学的最长上升子序列。如果要得到身高为 180cm 的同学为最高个时的最长上升子序列 up[4]，我们只需求出前 3 位同学所能形成的最长上升子序列，将其加 1 即可；要得到前 3 位同学所形成的最长上升子序列，需要求得前 2 位同学的最长上升子序列，再加上 1 即可；同样要得到前 2 位同学的最长上升子序列，需要求得第 1 位同学的最长上升子序列。因此这是一个递推关系，只要我们将前 $i-1$ 个同学为最高个时所形成的最长上升子序列的值记录下来，取其中最大值加 1，即可得到第 $i$ 位同学的最长上升子序列，即 up[i]。

同理，我们用 down[i] 来记录第 $i$ 位同学的最长下降子序列，只要我们将后 $n-i$ 位同学中的每位同学为最高个时的最长下降子序列记录下来，取其中最大者再加 1，即可得到第 $i$ 位同学为最高个时的最长下降子序列，即 down[i]。那么，第 $i$ 位同学为最高个时所能形成的最长合唱队形的长度为 up[i]+down[i]−1。

求得所有同学为最高个时所能形成的最长合唱队形的长度，取其中最大值即为所求的合唱队形。

**2. 构造递归结构**

设长度为 $N$ 的数组为 $\{a_1, a_2, a_3, ..., a_n\}$，其中数组元素 $a_j$ 记录第 $j$ 个人的身高，将以 $a_j$ 为结尾的数组序列的最长上升子序列长度记为 up[j]，则有

$$up[j]=\{max\{up[i]\}+1, i<j \text{ 且 } a[i]<a[j]\}$$

也就是说，我们需要遍历在 $j$ 之前的所有位置 $i$（从 1 到 $j-1$），找出满足条件 $a[i]<a[j]$ 的 up[j]，求出 max{up[i]}+1，即为 up[j] 的值，即以 $a_j$ 为末元素的最长上升子序列，等于以使 up[i] 最大的那个 $a_i$ 为末元素的递增子序列最末再加上 $a_j$；如果这样的元素不存在，那么 $a_j$ 自身构成一个长度为 1 的以 $a_j$ 为末元素的递增子序列。最后，我们遍历所有的 up[j]（从 1 到 n），找出最大值即为最长上升子序列。

例如给定的数组为 {5,6,7,1,2,8}，求该数组的最长上升子序列，则有

$a[1]=5$，up[1]=1；

$a[1]<a[2]$，up[2]= max{up[1]}+1=2；

$a[1]<a[2]<a[3]$，up[3]= max{up[1], up[2]}+1=3；

$a[4]<a[1]<a[2]<a[3]$，up[4]=1；

$a[4]<a[5]<a[1]<a[2]<a[3]$，up[5]= max{up[4]}+1=2；

$a[4]<a[5]<a[1]<a[2]<a[3]<a[6]$，up[6]= max{up[1], up[2], up[3], up[4], up[5]}+1=4。所以该数组最长上升子序列长度为 4，序列为 {5,6,7,8}。

同理，将以 $a_j$ 开头的数组序列的最长下降子序列长度记为 down[j]，其本质上是求从 $a_n$ 开始至 $a_j$ 结束的最长上升子序列，则有

$$down(j)=\{max\{down[i]\}+1, i>j \text{ 且 } a[i]<a[j]\}$$

**3. 代码**

根据上述分析，给出合唱队形问题的算法描述如下：

```
template<class Type>
voidtutti(int *a, int n)
{   int i, j, up[n], down[n], length;
    for (j = 1; j<= n; j++)
```

```
    {   up[j] = 1; //每个元素自身构成一个长度为 1 的上升子序列
        for (i= 1; i<j; i++)
            if (a[j]>a[i])
                up[j]=up[i]+1;
    }
    for (j = n; j>= 1; j--)
    {   down[j] = 1; //每个元素自身构成一个长度为 1 的下降子序列
        for (i= n; i>j; j--)
            if (a[i]<a[j])
                down[j]=down[i]+1;
    }
    for (i = 1; i <= n; i++)
        length=max(up[i]+down[i]-1);
    return (n-length);
}
```

由上述代码可知,该问题的时间复杂度为 $O(n^2)$。

# 4.7  0–1 背包问题

下面给出 0-1 背包问题的描述:现有 $n$ 种物品和一个背包,其中物品 $i$ 的重量是 $w_i$,价值为 $v_i$,背包的最大承重量为 $C$,在每种物品只能选一次的前提下,如何选择装入背包的物品,使得装入背包中物品的重量不超过背包最大承重量,且总价值最大?

0-1 背包问题是指在背包的容量为 $C$ 的前提下,装入物品,其中物品不能分割,只能整件装入背包或不装入,求一种最佳装载方案使得总收益最大。本质上 0-1 背包问题是一个特殊的整数规划问题,目标是求

$$\max \sum_{i=1}^{n} v_i x_i$$

约束条件为

$$\begin{cases} \sum_{i=1}^{n} w_i x_i \leqslant C \\ x_i \in \{0,1\}, 1 \leqslant i \leqslant n \end{cases}$$

**1. 最优子结构性质**

假设背包内已经装满了重 $C$ 的物品且价值最高,如果我们把第 $i$ 个物品从背包中拿出来,剩下的装载一定是取自 $n-1$ 个物品使得不超过载重量 $C - w_i$ 并且所装物品价值最高的装载。

设 $(x_1, x_2, \ldots, x_n)$ 是原问题的一个最优解,则 $(x_2, x_3, \ldots, x_n)$ 是下面子问题的最优解:

$$\max \sum_{i=2}^{n} v_i x_i$$

约束条件为

$$
\begin{cases}
\sum_{i=1}^{n} w_i x_i \leqslant C \\
x_i \in \{0,1\}, \ 2 \leqslant i \leqslant n
\end{cases}
$$

证明：（反证法）假设$(y_2, y_3, \ldots, y_n)$是上述子问题的最优解，即$(x_2, x_3, \ldots, x_n)$不是子问题的最优解，则存在：

$$
\sum_{i=2}^{n} w_i x_i \leqslant \sum_{i=2}^{n} w_i y_i
$$

则将物品 1 装入背包，有

$$
w_1 x_1 + \sum_{i=2}^{n} w_i y_i \leqslant C
$$

成立，且

$$
\sum_{i=1}^{n} v_i x_i \leqslant \sum_{i=2}^{n} v_i y_i + v_1 x_1
$$

说明$(x_1, y_2, y_3, \ldots, y_n)$是比$(x_1, x_2, \ldots, x_n)$更优的一个解，与原假设$(x_1, x_2, \ldots, x_n)$是原问题的一个最优解矛盾。

2. 递归公式

定义$m(i, j)$是可选物品为前$i$件时所能获得的最高价值，其中$j$是背包承重量，假设已经获得可选物品为前$i-1$件的最高价值，则对于每一个物品$i$，都有两种情况需要考虑。

第 1 种情况：物品$i$的重量$w_i$小于等于现有背包承重量，可以选择装入背包也可以选择不装物品$i$。

如果装入该物品，则获得$v_i$的价值，同时背包承重量减少$w_i$，可选物品的个数减少为$i-1$个。由此可以得到以下递归式：

$$
m(i, j) = m(i-1, j-w_i) + v_i
$$

如果不装该物品，则前$i$件物品所能获得的最高价值$m(i, j)$与前$i-1$件物品所能获得的最高价值$m(i-1, j)$相同。由此可以得到以下递归式：

$$
m(i, j) = m(i-1, j)
$$

第 2 种情况：物品$i$的重量$w_i$大于现有背包承重量，因为物品重量超过背包承重量，所以不装物品$i$。则前$i$件物品所能获得的最高价值$m(i, j)$与前$i-1$件物品所能获得的最高价值$m(i-1, j)$相同。由此可以得到以下递归式：

$$
m(i, j) = m(i-1, j)
$$

根据上述描述，定义求解 0-1 背包问题的递归方程为：

$$
m(i, j) = \begin{cases}
m(i-1, j), & w_i > j \\
\max \begin{cases}
m(i-1, j) \ \text{（够装但不装）}, \\
m(i-1, j-w_i) + v_i \ \text{（够装而且装）},
\end{cases} & w_i \leqslant j
\end{cases}
$$

3. 0-1 背包问题的算法描述

根据递归结构的分解过程，可得算法如下：

```
template<class Type>
void Knapsack(int w, int C, int n type v, type m)
{   for(j=0;j<=C;j++)    m[0][j]=0;
    for(j=0;j<=C;j++)
       for(i=1;i<=n;i++)
       {   if(j<w[i])                              //装不下
           {   m[i][j]=m[i-1][j];
               continue;
           }
           else
               if(m[i-1][j-w[i]]+v[i]>m[i-1][j])       //够装而且装
                   m[i][j]=m[i-1][j-w[i]]+v[i];
               else
                   m[i][j]=m[i-1][j];              //够装而不装
       }
}
```

由上述算法描述，可以看出算法 Knapsack 共包含两重循环，其中外循环的次数由背包承重量 $C$ 决定，因此时间复杂度为 $O(nc)$。

4. 实例分析

假设有 5 个物品，其重量分别是{1, 2, 12, 6, 5}，价值分别为{3, 3, 8, 4, 8}，背包的容量为15，求装入背包的物品和获得的最大价值。

根据动态规划算法，用一个$(n+1)(M+1)$的二维表 $m$，$m[i][j]$ 表示把前 $i$ 个物品装入容量为 $j$ 的背包中获得的最大价值。根据 Knapsack 算法，我们可以得到以下表格。

由图 4.9 可以看出该问题的最大值为 18，也就是说背包获得的最大价值为 18。那么如何确定哪些物品装入背包才获得了最大价值 18 呢？也就是如何构造该问题的最优解？

| 最大容量$C$ | 物品个数$n$ | | \multicolumn{17}{c}{$j=0\sim C$} |
|---|---|---|---|---|---|---|---|---|---|---|---|---|---|---|---|---|---|---|
| 15 | 5 | | | 0 | 1 | 2 | 3 | 4 | 5 | 6 | 7 | 8 | 9 | 10 | 11 | 12 | 13 | 14 | 15 |
| 物品大小$w$ | 物品价值$v$ | 编号 | 0 | 0 | 0 | 0 | 0 | 0 | 0 | 0 | 0 | 0 | 0 | 0 | 0 | 0 | 0 | 0 | 0 |
| 1 | 3 | | 1 | 0 | 3 | 3 | 3 | 3 | 3 | 3 | 3 | 3 | 3 | 3 | 3 | 3 | 3 | 3 | 3 |
| 2 | 3 | | 2 | 0 | 3 | 3 | 6 | 6 | 6 | 6 | 6 | 6 | 6 | 6 | 6 | 6 | 6 | 6 | 6 |
| 12 | 8 | $i=1\sim n$ | 3 | 0 | 3 | 3 | 6 | 6 | 6 | 6 | 6 | 6 | 6 | 6 | 8 | 11 | 11 | 14 |
| 6 | 4 | | 4 | 0 | 3 | 3 | 6 | 6 | 6 | 7 | 7 | 10 | 10 | 10 | 10 | 11 | 11 | 14 |
| 5 | 8 | | 5 | 0 | 3 | 3 | 6 | 6 | 8 | 11 | 11 | 14 | 14 | 14 | 15 | 15 | 15 | 18 | 18 |

图 4.9  0-1 背包问题 $m[i][j]$ 矩阵

5. 构造最优解

构造最优解也就是确定装入背包的具体物品是哪几个。

我们仍然采用上面的例子进行分析。由 0-1 背包问题的递归式可以得知，获得的价值 $m[i][j]>m[i-1][j]$ 的前提是装进去第 $i$ 个物品，因此，我们可以由图 4.9 的最后一个元素 $m[5][15]$ 的值向前推，如果 $m[5][15]>m[4][15]$，表明第 5 个物品被装入背包，定义 $x_5=1$，剩下前 5-1=4 个物品被装入容量为 $C-w_5$ 的背包中；如果 $m[5][15]=m[4][15]$，表明第 5 个物品没有被装入背包，定义 $x_5=0$，前 5-1=4 个物品被装入容量为 $C$ 的背包中。依此类推，直到确定第 1 个物品是否被装入背包中为止。

依据上述思路，构造最优解的算法描述如下：

```
template<class Type>
void Knapsackvalue(int C, int n type m)
{   j=C;
    for(i=n;i>=1;i--)
    {   if (m[i][j]>m[i-1][j])
        {   x[i]=1;
            j=j-w[i];
        }
        else
            x[i]=0;
    }
}
```

上述算法只有 1 个循环，因此时间复杂度为 $O(n)$。

针对上面的例子，下面给出求解结果的具体分析过程：

初始时，$j=18$，$i=5$。如果 $m(i,j)=m(i-1,j)$，说明第 $i$ 个物品没有被装入背包，则 $x_i=0$；如果 $m(i,j)>m(i-1,j)$，说明第 $i$ 个物品被装入背包，则 $x_i=1$，$j=j-w_i$。

$m(5,15)=18>m(4,15)=14$，说明物品 5 被装入了背包，因此 $x_5=1$，且更新 $j=j-w_5=15-5=10$。

$m(4,j)=m(4,10)=10 \geqslant m(3,10)=6$，说明物品 4 被装入了背包，因此 $x_4=1$，更新 $j=j-w_4=10-6=4$。

$m(3,j)=m(3,4)=6=m(2,4)$，说明物品 3 没有被装入背包，因此 $x_3=0$。

$m(2,j)=m(2,4)=6>m(1,4)=3$，说明物品 2 被装入了背包，因此 $x_2=1$，且更新 $j=j-w_2=4-2=2$。

$m(1,j)=m(1,2)=3>m(0,2)=0$，说明物品 1 被装入了背包，因此 $x_1=1$，且更新 $j=j-w_1=2-1=1$。

求得 $x$ 的值为 $(1,1,0,1,1)$，也就是说第 1、2、4、5 个物品放入了背包，而第 3 个物品没有放入背包，此时获得的最大价值为 18，如图 4.10 所示。

| 最大容量C | 物品个数n |  | $j=0 \sim C$ |  |  |  |  |  |  |  |  |  |  |  |  |  |  |  |
|---|---|---|---|---|---|---|---|---|---|---|---|---|---|---|---|---|---|---|
| 15 | 5 |  | 0 | 1 | 2 | 3 | 4 | 5 | 6 | 7 | 8 | 9 | 10 | 11 | 12 | 13 | 14 | 15 |
| 物品大小w | 物品价值v | 编号 | 0 | 0 | 0 | 0 | 0 | 0 | 0 | 0 | 0 | 0 | 0 | 0 | 0 | 0 | 0 | 0 |
| 1 | 3 |  | 0 | 3 | 3 | 3 | 3 | 3 | 3 | 3 | 3 | 3 | 3 | 3 | 3 | 3 | 3 | 3 |
| 2 | 3 |  | 0 | 3 | 3 | 6 | 6 | 6 | 6 | 6 | 6 | 6 | 6 | 6 | 6 | 6 | 6 | 6 |
| 12 | 8 | $i=1 \sim n$ | 0 | 3 | 3 | 6 | 6 | 6 | 6 | 6 | 6 | 6 | 6 | 6 | 11 | 11 | 14 |  |
| 6 | 4 |  | 0 | 3 | 3 | 6 | 6 | 6 | 6 | 7 | 7 | 10 | 10 | 10 | 10 | 11 | 11 | 14 |
| 5 | 8 |  | 0 | 3 | 3 | 6 | 6 | 8 | 11 | 11 | 14 | 14 | 14 | 14 | 15 | 15 | 18 | 18 |

图 4.10　构造最优解

## 6. 问题拓展

（1）背包问题。现有 $n$ 种物品和一个背包，其中物品 $i$ 的重量是 $w_i$，价值为 $v_i$，背包的最大承重量为 $C$，在每种物品可以切割放入背包的前提下，如何选择装入背包的物品，使得装入背包中物品的总价值最大？

此问题采用下一章的贪心算法求解。

（2）完全背包。现有 $n$ 种物品和一个背包，其中物品 $i$ 的重量是 $w_i$，价值为 $v_i$，背包的最大承重量为 $C$，在每种物品可以选多次的前提下，如何选择装入背包的物品，使得装入背包中物品的总价值最大？

此问题非常类似于 0-1 背包问题，所不同的是每种物品有无限件。也就是说对每种物品来说，不是取或不取，而是取 0 件、取 1 件、取 2 件等很多种。

用 $m(i, j)$ 表示可选物品为前 $i$ 件时所能获得的最高价值，对于一种物品，只有两种情况。

第 1 种情况：物品 $i$ 的重量 $w_i$ 小于等于现有背包承重量，可以选择装入背包也可以选择不装物品 $i$。

如果装入 1 件该物品，则获得 $v_i$ 的价值，同时背包承重量减少 $w_i$；如果装入 $k$ 件，则获得的价值 $kv_i$，同时背包承重量减少 $kw_i$，可选物品的个数减少为 $i-k$ 个。由此可以得到以下递归式：

$$m(i, j) = \max\{m(i-1, j), m(i-1, j-kw_i) + kv_i\}, \quad 1 \leqslant kw_i \leqslant C$$

如果不装该物品，则前 $i$ 件物品所能获得的最高价值 $m(i, j)$ 与前 $i-1$ 件物品所能获得的最高价值 $m(i-1, j)$ 相同，此时 $k=0$。由此可以得到第 1 种情况下的递归式：

$$m(i, j) = \max\{m(i-1, j), m(i-1, j-kw_i) + kv_i\}, \quad 0 \leqslant kw_i \leqslant C$$

第 2 种情况：物品 $i$ 的重量 $w_i$ 大于现有背包承重量，因为物品重量超过背包承重量，所以不装物品 $i$。则前 $i$ 件物品所能获得的最高价值 $m(i, j)$ 与前 $i-1$ 件物品所能获得的最高价值 $m(i-1, j)$ 相同。由此可以得到以下递归式：

$$m(i, j) = m(i-1, j)$$

根据上述描述，定义求解完全背包问题的递归式为

$$m(i,j) = \begin{cases} m(i-1, j), \ w_i > j \\ \max\{m(i-1, j), m(i-1, j-kw_i) + kv_i\}, \quad w_i \leqslant j, \ 0 \leqslant kw_i \leqslant C \end{cases}$$

可以对上述思路继续改进。

对物品 $i$ 来说，如果不放入该物品，则 $m(i,j)=m(i-1,j)$ 成立；如果放入该物品，背包中至少出现 1 件该物品，放入后，背包容量减少为 $j-w_i$，剩下可选物品还是 $i$ 个，则 $m(i,j)=m(i,j-w_i)+v_i$ 成立。根据上述改进思路，求解完全背包问题的递归式可以改为

$$m(i, j) = \max\{m(i-1, j), m(i, j-w_i) + v_i\}$$

（3）多重背包。现有 $n$ 种物品和一个背包，其中物品 $i$ 最多有 $n[i]$ 件，且物品 $i$ 的重量是 $w_i$，价值为 $v_i$，背包的最大承重量为 $C$，在每种物品可以选多次的前提下，如何选择装入背包的物品，使得装入背包中物品的总价值最大？

这个问题类似前面的完全背包，只不过是每种物品可选择的次数有上限，因此我们可以得到该问题的递归式如下：

$$m(i, j) = \begin{cases} m(i-1, j), \ w_i > j \\ \max\{m(i-1, j), m(i-1, j-kw_i) + kv_i\}, \ w_i \leqslant j, \ 0 \leqslant k \leqslant n_i \end{cases}$$

（4）完全背包恰好装满类问题。

1）硬币找零问题：给予不同面值的硬币若干种（每种硬币个数无限多），如何将若干种硬币组合为某种面额的钱，使硬币的个数最少？

2）购物问题：有 $n$ 种矿泉水，知道每一种矿泉水的价格和重量，需要至少 $m$ 千克水，最少需要花多少钱？

以上两个问题都属于恰好能装满背包的完全问题，描述如下：

现有 $n$ 种物品和一个背包，其中物品 $i$ 的重量是 $w_i$，价值为 $v_i$，背包的最大承重量为 $C$，

在每种物品可以选多次的前提下，如何选择装入背包的物品，使得背包正好装满的情况下，装入背包中物品的总价值最大？

该问题的求解过程和完全背包问题一样，所不同的是要求背包正好能够装满，可以通过初始化来实现。

如果不要求恰好装满，在对 $m(i, j)$ 进行初始化时都设置为 0，因为该问题只需要求出在不大于背包容量的情况下的最大值，当 $m(i,j)=0$ 的时候相当于这个背包什么都没有装（就是一个空背包），是符合实际情况的。如果要求恰好能装满，则需要将 $m(0,0)$ 初始化为 0，其他 $m(i, j)$ 初始化为 $-\infty$，$-\infty$ 表示这个背包还没有被定义（没有被用过）。$m(0,0)$ 表示占用空间为 0 的物品刚好可以装满空间为 0 的背包，只有上一层恰好装满时，使用递归式得到的下一层才能正好装满，因此初始值设为 $-\infty$，即上一层未装满时，下一层加入物品 $i$ 后仍然是 $-\infty$，即未装满。最后如果 $m(i,j)$ 为 $-\infty$ 的话，就说明这个背包没有被定义（装不满）。

（5）分组背包。现有 $n$ 种物品和一个背包，其中物品 $i$ 的重量是 $w_i$，价值为 $v_i$，背包的最大承重量为 $C$。这些物品被划分为若干组，每组中的物品互相冲突，最多选一件。如何选择装入背包的物品，使得装入背包中物品的总价值最大？

用 $m(k, j)$ 表示可选物品为前 $k$ 组时所能获得的最高价值，对于一组物品，只有两种情况。

第 1 种情况：不选该组的物品；

第 2 种情况：选择该组中的其中 1 个物品 $i$，递归表达式为

$$m(k, j) = \max\{m(k-1, j), m(k-1, j-w_i) + v_i\} \quad （i \text{ 属于第 } k \text{ 组}）$$

# 习　题

1. 设计一个 $O(n^2)$ 时间的算法，找出由 $n$ 个数组成的序列的最长单调递增子序列。

2. 设计一个 $O(n\log n)$ 时间的算法，找出由 $n$ 个数组成的序列的最长单调递增子序列。

3. 求两个字符串的最长公共子字符串，要求子字符串是连续的。如输入两个字符串 BDCABA 和 ABCBDAB，它们的最长公共字符串有 BD 和 AB，长度都是 2。

4. 设计动态规划算法求下面的整数线性规划。

$$\max \sum_{i=1}^{n} v_i x_i$$

$$\begin{cases} \sum_{i=1}^{n} w_i x_i \leqslant C \\ x_i \text{ 为非负整数} \end{cases}$$

5. 给定 $n$ 种物品和一个背包。物品 $i$ 的重量是 $w_i$，体积是 $b_i$，其价值为 $v_i$，背包的容量为 $c$，容积为 $d$。问应如何选择装入背包中的物品，使得装入背包中物品的总价值最大？在选择装入背包的物品时，对每种物品只有两个选择：装入或不装入，且不能重复装入和部分装入。

6. 求多个字符串的最长公共子字符串，要求子字符串是连续的。

7. 设 A 和 B 是 2 个字符串。要用最少的字符操作将字符串 A 转换为字符串 B。这里所说的字符操作包括：①删除一个字符；②插入一个字符；③将一个字符改为另一个字符。将字符串 A 变换为字符串 B 所用的最少字符操作数称为字符串 A 到 B 的编辑距离，记为 $d(A,B)$。

设计一个算法，对任意的 2 个字符串 A 和 B，计算它们的编辑距离 $d(A,B)$。

8．将 $n$ 堆石子排列成一行，现要将石子有次序地合并成一堆。规定每次只能选相邻的 2 堆石子合并成新的一堆，并将新的一堆石子数记为该次合并的得分。试设计一个算法，计算出将 $n$ 堆石子合并成一堆的最小得分和最大得分。如何将这些石子摆成圆形，又该如何计算？

9．有一个形式如下的数字三角形：

7

3 8

8 10

2 7 4 4

4 5 2 6 5

从三角形顶点，沿直线向下或右斜线方向下降到三角形底边的路线是一条合法路径。

编写一个程序计算从顶至底的某处的一条路径，使该路径所经过的数字的总和最大。

10．长江游乐俱乐部在长江上设置了 $n$ 个游艇出租站，游客可以在这些游艇出租站用游艇，并在下游任何一个游艇出租站归还游艇，游艇出租站 $i$ 到 $j$ 之间的租金是 $rent(i,j)$，其中 $1 \leqslant i < j \leqslant n$。试设计一个算法使得游客租用的费用最低。

11．给定一个 $N \times N$ 的方形网格，设其左上角为起点，坐标为 $(1,1)$，$X$ 轴向右为正，$Y$ 轴向下为正，每个方格边长为 1。一辆汽车从起点出发驶向右下角终点，其坐标为 $(N,N)$。在若干个网格交叉点处，设置了油库，可供汽车在行驶途中加油。汽车在行驶过程中应遵守如下规则：

（1）汽车只能沿网格边行驶，装满油后能行驶 $K$ 条网格边。出发时汽车已装满油，在起点与终点处不设油库。

（2）当汽车行驶经过一条网格边时，若其 $X$ 坐标或 $Y$ 坐标减小，则应付费用 $B$，否则免付费用。

（3）汽车在行驶过程中遇油库则应加满油并付加油费用 $A$。

（4）在需要时可在网格点处增设油库，并付增设油库费用 $C$（不含加油费用 $A$）。

（5）（1）～（4）中的各数 $N$、$K$、$A$、$B$、$C$ 均为正整数。

求汽车从起点出发到达终点的一条所付费用最少的行驶路线。

12．给定 $n$ 个整数组成的序列，现在要求将序列分割为 $m$ 段，每段子序列中的数在原序列中连续排列。如何分割才能使这 $m$ 段子序列的和的最大值达到最小？

13．设 $I$ 是一个 $n$ 位十进制整数。如果将 $I$ 划分为 $k$ 段，则可得到 $k$ 个整数。这 $k$ 个整数的乘积称为 $I$ 的一个 $k$ 乘积。试设计一个算法，对于给定的 $I$ 和 $k$，求出 $I$ 的最大 $k$ 乘积。

14．对于长度相同的 2 个字符串 A 和 B，其距离定义为相应位置字符距离之和。2 个非空格字符的距离是它们的 ASCII 码之差的绝对值。空格与空格的距离为 0；空格与其他字符的距离为一定值 $k$。在一般情况下，字符串 A 和 B 的长度不一定相同。字符串 A 的扩展是在 A 中插入若干空格字符所产生的字符串。在字符串 A 和 B 的所有长度相同的扩展中，有一对距离最小的扩展，该距离称为字符串 A 和 B 的扩展距离。对于给定的字符串 A 和 B，试设计一个算法，计算其扩展距离。

**思考题**

1. 一个长度为 $n$ 的数组 $a[0],a[1],...,a[n-1]$。现在更新数组的各个元素，即 $a[0]$变为 $a[1]$ 到 $a[n-1]$的积，$a[1]$变为 $a[0]$和 $a[2]$到 $a[n-1]$的积……$a[n-1]$变为 $a[0]$到 $a[n-2]$的积。

要求具有线性复杂度，不能使用除法运算符。

2. 皇宫看守。

太平王世子事件后，陆小凤成了皇上特聘的御前一品侍卫。皇宫以午门为起点，直到后宫嫔妃们的寝宫，呈一棵树的形状；某些宫殿间可以互相望见。皇宫内保卫森严，三步一岗，五步一哨，每个宫殿都要有人全天候看守，在不同的宫殿安排看守所需的费用不同。可是陆小凤手上的经费不足，无论如何也没法在每个宫殿都安置留守侍卫。请帮助陆小凤布置侍卫，在看守全部宫殿的前提下，使得花费的经费最少。

# 第5章 贪心算法

**本章学习重点：**

● 贪心算法的概念、动态规划算法与贪心算法的差异。

● 用贪心算法求解的问题的一般特征：贪心选择性质与最优子结构性质。

通过应用范例学习贪心算法设计策略：活动安排问题、背包问题、最优装载、哈夫曼编码、单源最短路径、最小生成树、多机调度。

## 5.1 贪心算法引言

我们经常会碰到这一类问题：该问题有 $n$ 个输入，这 $n$ 个输入中有一部分子集满足事先给定的约束条件，问题的解由满足条件的一个子集组成。我们把满足约束条件的解称为问题的可行解，满足约束条件的解可能不止一个，因此可行解不唯一。可以采用目标函数来衡量可行解的优劣，也就是说事先给出一定的标准来判断解的优劣。使目标函数取极大/小值的可行解称为最优解，该类问题称为最优化问题。解决这类问题，根据描述约束条件和目标函数的数学模型的特性以及求解问题方法的不同，可以使用穷举法、分治法、动态规划算法、贪心算法。本章介绍贪心算法。

贪心算法，也称为贪婪算法，是最接近人类认知思维的一种解题策略，顾名思义，贪心算法总是做出在当前看来最好的选择。也就是说贪心算法求解问题时不从整体最优考虑，它所做出的选择只是在某种意义上的局部最优选择，因此贪心算法得到的最终结果不一定是整体最优的。虽然贪心算法不能对所有问题都得到整体最优解，但在实际应用中，它能够对许多问题产生整体最优解，而且在一些情况下，即使贪心算法不能得到整体最优解，其最终结果也是整体最优解的近似解。

贪心算法不断地从问题的 $n$ 个输入中选取当前看来最优的一个输入，作为局部解向量中的一个分量，使其既满足约束条件，又能够使目标函数取极值最快，当 $n$ 个输入的取值均求出之后，所组成的解向量就是问题的解。我们来看几个实例。

### 5.1.1 贪心算法实例

**例 1** 货郎担问题。

货郎担问题也叫旅行商问题，即 TSP 问题（Traveling Salesman Problem），是数学领域中的著名问题之一。在该问题中，某售货员要到若干个城市销售货物，已知各城市之间的距离，要求售货员选择出发的城市及旅行路线，使每一个城市仅经过一次，最后回到原出发城市，而总路程最短。

货郎担问题可以形式化地描述为：假设 $n$ 个城市，分别用数字 1 到 $n$ 编号。在有向赋权图中，寻找一条路径最短的哈密尔顿回路。其中：$V=\{1,2,...,n\}$ 表示城市顶点；边 $(i, j) \in E$ 表示城市到城市的距离；图的邻接矩阵 $C$ 表示各个城市之间的距离，称为费用矩阵；数组 $T$ 表示售货员的路线，依次存放旅行路线中的城市编号。

现有 5 个城市，费用矩阵如图 5.1 所示。

|  | 1 | 2 | 3 | 4 | 5 |
|---|---|---|---|---|---|
| 1 | ∞ | 12 | 12 | 7 | 15 |
| 2 | 12 | ∞ | 14 | 13 | 8 |
| 3 | 12 | 14 | ∞ | 7 | 9 |
| 4 | 7 | 13 | 7 | ∞ | 12 |
| 5 | 15 | 8 | 9 | 12 | ∞ |

图 5.1　货郎担费用矩阵

假设从城市 1 出发，应用贪心算法求解，总是选择费用最小的路线前进，如图 5.2 所示，选择的路线是 1→4→3→5→2→1，总费用是 43，这就是从城市 1 出发的最优路线。也就是说，总是选择费用最小的路线前进从而求得最优解。

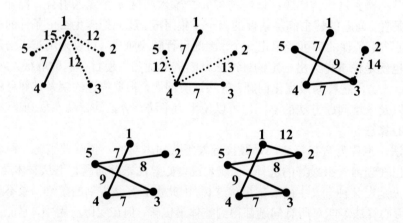

图 5.2　贪心算法求解 TSP 问题

**例 2**　硬币找零问题。

（1）有顾客在水果商店买了一斤苹果，花费三元七角，顾客给了十元钱，需要找给顾客六元三角钱，假设有四种硬币，它们的面值分别为五元、一元、五角和一角，请给出硬币个数最少的找钱方案。

应用贪心算法求解，每次选择不大于该找给顾客金额的最大面值的硬币。首先选不大于六元三角的最大面值硬币五元，然后从六元三角减去五元，剩下一元三角；再选不大于一元三角的最大面值硬币一元，然后从一元三角减去一元，剩下三角；最后选 3 个一角硬币即可求得最优解：钱币个数为 5 个。

（2）假设有另外三种硬币，他们的面值分别为一元一角、五角和一角。现找顾客一元五角钱，请给出硬币个数最少的找钱方案。

仍然采用上述贪心选择方案，选择不大于该找给顾客金额的最大面值的硬币。首先选不大于一元五角的最大面值硬币一元一角，然后从一元五角减去一元一角，剩下四角；再选 4 个一角硬币即可求得最优解：钱币个数为 5 个。实际情况这种选法不对，3 个五角的硬币才是最优选择。

因此贪心算法不能对所有问题都得到整体最优解，贪心选择方案的不同也会求得不同的结果。

### 5.1.2 贪心算法的设计思想

贪心算法类似爬山登顶，一步步地向前推进，从某一个初始状态出发，根据当前状态选择局部最优策略，不考虑全局最优策略，以满足约束方程为条件，以使得目标函数的值增加最快或最慢为准则，进行下一步求解。贪心算法每次选择一个能够最快达到目标要求的输入元素，以便能够快速构建问题的可行解，也就是说，贪心算法从问题的某一个初始解出发，采用局部最优的准则，逐步逼近给定的目标，以尽可能快地求得更好的解，当达到算法中的某一步不能再继续前进时，算法停止。

贪心算法的基本思路可以描述如下：首先根据问题的描述建立相应的数学模型；然后将待求解的问题进行分解；接下来对分解得到的每一个子问题进行求解，得到子问题的局部最优解；最后将子问题的解合成，获得原问题的解。

实现该算法的过程可以粗略描述如下：

从问题的某一初始解出发；

while 能朝给定总目标前进 do

    求出可行解的一个解元素；

由所有解元素组合成问题的一个可行解。

如何构建贪心算法求解问题的具体过程？首先要考虑以下几个因素：

（1）候选集合 C：为了构造问题的解决方案，有一个候选集合 C 作为问题的可能解，即问题的最终解均取自于候选集合 C。例如，在硬币找零问题中，各种面值的硬币构成候选集合。

（2）解集合 S：随着贪心选择的进行，解集合 S 不断扩展，直到构成一个满足问题的完整解。例如，在硬币找零问题中，已找给顾客的硬币构成解集合。

（3）解决函数 solution：检查解集合 S 是否构成问题的完整解。例如，在硬币找零问题中，解决函数是已找给顾客的硬币金额恰好等于应给顾客的硬币金额。

（4）选择函数 select：即贪心策略，这是贪心算法的关键，它指出哪个候选解最有希望构成问题的最终解，选择函数通常和目标函数有关。例如，在硬币找零问题中，贪心策略就是在候选集合中选择面值最大的硬币。

（5）可行函数 feasible：检查解集合中加入一个候选解是否可行，即解集合扩展后是否满足约束条件。例如，在硬币找零问题中，可行函数是每一次选择的硬币和已找给顾客的硬币相加不超过应给顾客的硬币金额。

根据上述过程描述，我们可以构建贪心算法的框架如下：

```
Greedy(C)   //C 是问题的输入集合即候选集合
{   S={ };   //初始解集合为空集
    while (not solution(S))   //集合 S 没有构成问题的一个解
    {   x=select(C);       //在候选集合 C 中做贪心选择
        if feasible(S, x)   //判断集合 S 中加入 x 后的解是否可行
            S=S+{x};
```

```
        C=C-{x};
    }
    return S;
}
```

贪心算法应用比较广泛，通常用来求极大/小问题，但也存在几点问题：不能保证求得的最后解是最佳的；不能用来求最大或最小解问题；只能求满足某些约束条件的可行解的范围。

## 5.2 活动安排问题

活动安排问题要求合理安排一系列共同使用某一公共资源的活动，是可以用贪心算法求解的很好例子。如：多个社团申请同一间教室开会，问如何分配和安排，使得此教室在一天中能够分配给更多的社团使用？一台公共电脑可以被许多人申请使用，如何分配使得此电脑在一天中能够为更多的人服务使用？这两个问题都是典型的活动安排问题。

活动安排问题描述如下：设有 $n$ 个活动的集合 $E=\{1,2,\ldots,n\}$，其中每个活动都要求使用同一资源，如演讲会场等，而在同一时间内只有一个活动能使用这一资源（临界资源）。每个活动 $i$ 都有一个使用该资源的起始时间 $s_i$ 和一个结束时间 $f_i$，且 $s_i<f_i$。如果选择了活动 $i$，则它在半开时间区间 $[s_i, f_i)$ 内占用资源。若区间 $[s_i, f_i)$ 与区间 $[s_j, f_j)$ 不相交，则称活动 $i$ 与活动 $j$ 是相容的。即，当 $s_i \geq f_j$ 或 $s_j \geq f_i$ 时，活动 $i$ 与活动 $j$ 相容，活动安排问题就是选择一个由互相兼容的活动组成的最大集合。

总之，活动安排问题就是要在所给的活动集合中选出最大的相容活动子集合，贪心算法提供了一个简单、漂亮的方法使得尽可能多的活动能兼容地使用公共资源。

1. 算法描述

先来看一下求解该问题的几种贪心策略。

（1）开始时间早的优先。首先将各活动按照开始时间非递减排序，使 $s_1 \leq s_2 \leq \ldots \leq s_n$，然后从前向后，依次选择不相容的活动。

假设有 3 个活动，$E=\{1,2,3\}$，各活动的开始时间和结束时间为：$s_1=0$，$f_1=12$；$s_2=2$，$f_2=5$；$s_3=6$，$f_3=10$，如图 5.3 所示。

由图 5.3 可知，该策略只能安排 1 个活动（活动 1），无法求得最优解。

（2）占用时间少的优先。首先将各活动按照占用时间非递减排序，使 $f_1-s_1 \leq f_2-s_2 \leq \ldots \leq f_n-s_n$，然后从前向后开始，依次选择不相容的活动。

假设有 3 个活动，$E=\{1,2,3\}$，各活动的开始时间和结束时间为：$s_1=0$，$f_1=6$；$s_2=5$，$f_2=8$；$s_3=6$，$f_3=10$，如图 5.4 所示。

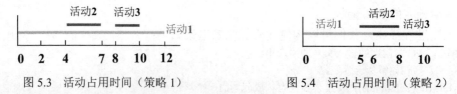

图 5.3 活动占用时间（策略 1）　　图 5.4 活动占用时间（策略 2）

由图 5.4 可知，该策略只能安排 1 个活动（活动 2），无法求得最优解。

（3）结束时间早的优先。首先将各活动按结束时间非递减排序，使 $f_1 \leq f_2 \leq \ldots \leq f_n$，然后从前向后，依次选择不相容的活动。

具体思路为：首先将各活动按结束时间非递减排序，然后将活动 1 加入解集合 A，接下来选择与活动 1 相容的、具有最早完成时间的活动加入解集合 A，最后重复上述选择过程，每次选择与 A 中所有活动相容的且具有最早完成时间的活动，即可获得最终结果。

活动安排问题的贪心算法代码描述如下：

```
template<class Type>
void GreedySelector(int n, Type s[], Type f[], bool A[])
{  //各活动的起始时间和结束时间存储在数组 s 和 f 中
   //按结束时间的非递减排序：f₁≤f₂≤…≤fₙ排列
   //用集合 A 存储所选择的活动
   A[1]=true;               //首先将活动 1 加集合 A
   int j=1;                 //变量 j 为最近加入 A 的活动序号，初始化 j 为 1
   for(int i=2; i<=n; i++)
   {//将与 j 相容的且具有最早完成时间的相容活动加入集合 A。若待选活动 i 与 A 中的所有活动兼容，
   即活动 i 的 sᵢ 不早于最近加入 A 中的 j 活动的 fⱼ，则活动 i 加入 A 集合，并取代活动 j 的位置
      if(s[i]>=f[j])
      {  A[i]=true;
         j=i;
      }
      else
         A[i]=false;        //否则不选择该活动
   }
}
```

由于输入活动是按结束时间的非递减排列的，因此算法所选择的下一个活动总是可相容的活动中具有最早结束时间的那个，所以 GreedySelector 算法是一个"贪心的"选择，也就是说按这种方法选择相容活动可以为未安排活动留下尽可能多的时间，使得剩余的可安排时间段最大化，以便安排尽可能多的相容活动。

假设有 10 个活动，$E$ ={1,2,3,4,5,6,7,8,9,10}，待安排的 10 个活动的开始时间和结束时间按结束时间的非减序排列如表 5.1 所示。

表 5.1　活动的开始和结束时间

| $i$ | 1 | 2 | 3 | 4 | 5 | 6 | 7 | 8 | 9 | 10 |
|---|---|---|---|---|---|---|---|---|---|---|
| $s[i]$ | 0 | 3 | 4 | 6 | 8 | 12 | 14 | 13 | 16 | 19 |
| $f[i]$ | 3 | 5 | 8 | 9 | 11 | 13 | 16 | 18 | 20 | 22 |

算法 GreedySelector 的计算过程如图 5.5 所示。图中实线代表已选入集合 A 的可相容的活动，虚线代表与已选入集合 A 中的活动不相容的活动。具体选择步骤如下所示：

第一步，选择活动 1（e1），$j$ 初始化为 1。

第二步，检查活动 2 的开始时间 $s_2$ 是否满足条件 $s_2 \geq f_1$，如果满足，说明活动 2 与活动 1 相容，将活动 2 加入集合 $A$，同时更新 $j$ 的值为 2；如果不满足，继续检查活动 3；这里 $s_2=3$，$f_1=3$，满足条件，$j=2$。

第三步，检查活动 3 的开始时间 $s_3=4$，而活动 2 的结束时间 $f_2=5$，不满足 $s_3 \geq f_2$，继续检查下一个活动。

第四步，依此类推，求得该活动安排问题的解：活动 1、活动 2、活动 4、活动 6、活动 7、活动 9，共 6 个活动。

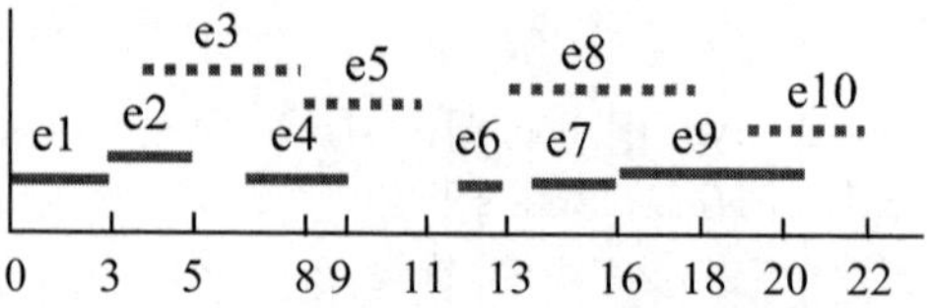

图 5.5　算法 GreedySelector 的计算过程

### 2. 时间复杂度分析

算法 GreedySelector 的效率比较高。当输入的活动已经按结束时间的非减序排列好后，算法只需 $O(n)$ 的时间就可以从 $n$ 个活动中选择最多的活动，且能够相容地使用公共资源。如果算法 GreedySelector 所给出的活动没有按照结束时间进行非减序排序，则可以选择时间复杂度为 $O(n\log n)$ 的算法对其结束时间进行非减序排序，这样算法的时间复杂度就变为 $O(n\log n)$。

### 3. 用数学归纳法证明活动安排问题

贪心算法以迭代的方法根据贪心策略做出相继的贪心选择，每做一次贪心选择就将所求问题简化为一个规模更小的子问题，通过每一步贪心选择，可得到问题的一个最优解，虽然每一步的贪心选择都要保证能获得局部最优解，但由此产生的全局解有时不一定是最优的。

但对于活动安排问题，贪心算法 GreedySelector 却总能求得的整体最优解，即它最终所确定的相容活动集合 $A$ 的规模最大，下面给出证明。

设集合 $E=\{1,2,\ldots,n\}$ 为所给的活动集合。由于 $E$ 中活动按结束时间的非减序排列，故活动 1 有最早完成时间。

证明 1：活动安排问题有一个最优解以贪心选择开始，即该最优解中包含活动 1。

设 $A \subseteq E$ 是所给的活动安排问题的一个最优解，且 $A$ 中的活动也按结束时间非减序排列，$A$ 中第一个活动为活动 $k$。

若 $k=1$，则 $A$ 是一个以贪心选择开始的最优解，每次选择的都是结束时间早的相容活动。

若 $k>1$，则设 $B=A-\{k\} \cup \{1\}$，由于 $f_1 \leq f_k$，且 $A$ 中的活动是相容的，故 $B$ 中的活动也是相容的。

结论：由于 $B$ 中活动个数与 $A$ 中活动个数相同，且 $A$ 是最优的，故 $B$ 也是最优的，而 $B$ 是一个以贪心选择活动 1 开始的最优活动安排。

因此，总是存在以贪心选择开始的最优活动方案。

证明 2：对集合 $E$ 中所有与活动 1 相容的活动进行活动安排，即可求得最优解的子问题。

也就是说，我们需要证明：选择了活动 1 后，原问题就简化为对 $E$ 中所有与活动 1 相容的活动进行活动安排的子问题。即需要证明若 $A$ 是原问题的最优解，则 $A'=A-\{1\}$ 是活动安排问题 $E'=\{i \in E: s_i \geq f_1\}$ 的最优解。

如果能找到 $E'$ 的一个最优解 $B'$，它包含比 $A'$ 更多的活动，则将活动 1 加入到 $B'$ 中将产生 $E$ 的一个解 $B$，它包含比 $A$ 更多的活动。这与 $A$ 是原问题的最优解矛盾。

结论：每一步所做的贪心选择问题都将问题简化为一个更小的与原问题具有相同性质的子问题。

因此，贪心算法 GreedySelector 最终产生原问题的一个最优解。

4．区间相交问题

给定 $x$ 轴上 $n$ 个闭区间，去掉尽可能少的闭区间，使剩下的闭区间都不相交。若区间与另一区间之间仅有端点是相同的，不算作区间相交。例如，[1,2]和[2,3]算是不相交区间。

该问题可以采用活动安排问题求解，求解思路为：所有区间按右端点非降序排列，然后在可选区间中选右端点最小的，右端点越小，之后可选的区间就越多。

## 5.3　贪心算法的基本要素

从许多用贪心算法求解的问题中，可以看到这类问题一般具有两个重要的性质，也称贪心算法基本要素：贪心选择性质和最优子结构性质。

1．贪心选择性质

所谓贪心选择性质是指：所求问题的整体最优解可以通过一系列局部最优的选择，即贪心选择来达到，这是贪心算法可行的第一个基本要素。当考虑做何种选择的时候，我们只考虑对当前问题最佳的选择而不考虑子问题的结果。

对于一个具体问题，要判断它是否具有贪心选择性质，必须证明每一步所作的贪心选择最终能够求得问题的整体最优解。证明过程描述如下：首先考察问题的一个整体最优解，并证明可修改这个最优解，使其以贪心选择开始。做了贪心选择后，原问题简化为规模更小的性质相同的子问题。然后用数学归纳法证明，通过每一步做贪心选择，最终可得到问题的整体最优解。

其中，证明贪心选择后的问题简化为规模更小的性质相同的子问题的关键在于：利用该问题的最优子结构性质。

2．最优子结构性质

当一个问题的最优解包含其子问题的最优解时，称此问题具有最优子结构性质。问题的最优子结构性质是该问题可用动态规划算法或贪心算法求解的关键特征。

注：贪心算法与动态规划算法的区别。动态规划和贪心算法都是一种递推算法，均有最优子结构性质，通过局部最优解来推导全局最优解。但这两种算法又有所不同，主要区别在于：

（1）贪心算法通常以自顶向下的方式进行，以迭代的方式作出相继的贪心选择，每做一次贪心选择就将所求问题简化为规模更小的子问题；动态规划算法则通常以自底向上的方式求解子问题。

（2）贪心算法中做出的每一步贪心决策都无法改变，因为贪心策略是由上一步的最优解推导下一步的最优解，而上一步之前的最优解则不作保留，因此贪心算法每一步的最优解一定包含上一步的最优解。贪心算法仅在当前状态下做出局部最优选择，再去解做出这个选择后产生的相应的子问题，贪心算法所做的贪心选择可以依赖于以往所做过的选择，但绝不依赖将来所做的选择，也不依赖于子问题的解。动态规划算法每一步所作的选择依赖于相关子问题的解，只有解出相关子问题后，才能做出选择，因此动态规划算法的全局最优解中一定包含某个局部最优解，但不一定包含前一个局部最优解，所以我们在求解动态规划算法的过程中需要把之前求得的所有最优解记录下来。

# 5.4 两种不同的背包问题

贪心算法和动态规划算法都要求问题具有最优子结构性质，这是两类算法的一个共同点。对于具有最优子结构的问题应该选用贪心算法还是动态规划算法求解？是否能用动态规划算法求解的问题也能用贪心算法求解？本节通过两个实例来看一下。

### 5.4.1　0-1 背包问题

该问题需要用动态规划算法求解。给定 $n$ 种物品和一个背包。物品 $i$ 的重量是 $w_i$，其价值为 $v_i$，背包的容量为 $c$。应如何选择装入背包的物品，使得装入背包中物品的总价值最大？

在选择装入背包中的物品时，对每种物品 $i$ 只有两种选择：装入或不装入背包。不能将物品 $i$ 装入背包多次，也不能只装入部分的物品 $i$。因此，该问题称为 0-1 背包问题。

此问题的形式化描述为：给定 $c>0$，$w_i>0$，$v_i>0$，$1 \leqslant i \leqslant n$，要求找出一个 $n$ 元 0-1 向量 $(x_1, x_2, ..., x_n)$，其中 $x_i \in \{0,1\}$，使得对 $w_i x_i$ 求和小于等于 $c$，并且对 $v_i x_i$ 求和达到最大。

因此，0-1 背包问题是一个特殊的整数规划问题。

求解目标为：

$$\max \sum_{i=1}^{n} v_i x_i$$

约束条件为：

$$\begin{cases} \sum_{i=1}^{n} w_i x_i \leqslant c \\ x_i \in \{0,1\}, \ 1 \leqslant i \leqslant n \end{cases}$$

则上述 0-1 背包问题的子问题为：

$$\max \sum_{k=i}^{n} v_k x_k$$

$$\begin{cases} \sum_{k=1}^{n} w_k x_k \leqslant j \\ x_k \in \{0,1\}, \ i \leqslant k \leqslant n \end{cases}$$

假设 $m(i,j)$ 是背包容量为 $j$，可选择物品为前 $i$ 件时获得的最优值。由于 0-1 背包问题的最优子结构性质，可以建立计算 $m(i,j)$ 的递归式如下：

$$m(i,j) = \begin{cases} m(i-1, j), \ w_i > j \\ \max \begin{cases} m(i-1, j) \quad \text{（够装但不装）}, \\ m(i-1, j-w_i) + v_i \quad \text{（够装而且装）}, \end{cases} \quad w_i \leqslant j \end{cases}$$

### 5.4.2 背包问题

背包问题与 0-1 背包问题类似，所不同的是在选择物品 $i$（$1 \leqslant i \leqslant n$）装入背包时，不一定要全部装入背包，可以选择物品 $i$ 的一部分装入。背包问题和 0-1 背包问题都具有最优子结构性质，极为相似，但背包问题可以用贪心算法求解，而 0-1 背包问题却不能用贪心算法求解。原因是什么？下面给出具体分析。

1. 背包问题贪心策略的选择

下面给出三种比较合理的贪心策略：①每次选择价值最大的物品，尽可能快速地增加背包的总价值；②每次选择重量最轻的物品，尽可能多地装入物品；③每次选择单位重量价值最大的物品，期待能够在背包价值增长和背包容量消耗两者之间寻找一个平衡点，获得最优解。

假定有 3 种物品，重量分别是 5、10、15，价值分别是 40、50、90，背包容量为 25。应用上述三种不同的贪心策略装入背包的物品和获得的价值如图 5.6 所示。

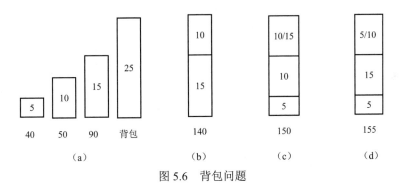

图 5.6 背包问题

（1）每次选择价值最大的物品，尽可能快地增加背包的总价值。首先选择价值 90 的物品 3，背包容量减少 15；然后选择价值 50 的物品 2，此时背包容量满，背包内所有物品价值为 90+50=140。在这种选择方法中，虽然每一步的选择获得了背包价值的极大增长，但背包容量却消耗得太快，使得装入背包的物品个数减少，从而不能保证目标函数达到最大，如图 5.6（b）所示。

（2）每次选择重量最轻的物品，尽可能多地装入物品。首先选择最轻物品 1，此时获得 40 的价值，背包容量减少 5，背包容量还剩下 25-5=20；然后选择次轻的物品 2，此时又增加了 50 的价值，背包容量又减少 10，背包容量变为 10；最后选择物品 3，但是因为背包容量不够，只能选择 2/3 个物品 3，此时背包容量满，背包内所有物品价值为=40+50+90×2/3=150。在这种选择方法中，虽然每一步的选择使背包的容量消耗得慢了，但背包的价值却不能保证迅速增长，从而不能保证目标函数达到最大，如图 5.6（c）所示。

（3）每次选择单位重量价值最大的物品，在背包价值增长和背包容量消耗两者之间寻找平衡。按照单位重量价值，先挑选物品 1，其单位重量价值为 8，选择它之后，获得 40 的价值，此时背包容量还剩下 25-5=20；再挑选物品 3，其单位重量价值为 6，选择它之后，又获得 90 的价值，此时背包里的总价值为 40+90=130，背包容量还剩下 20-15=5；最后挑选物品 2，其单位重量价值为 5，但是因为背包容量不够，只能选择 1/2 个物品 2，选择它之后，背包容量满，背包里的总价值为 40+90+50×1/2=155，如图 5.6（d）所示。

2. 最优子结构

应用第三种贪心策略，每次从物品集合中选择单位重量价值最大的物品，可以求得最优解。如果其重量小于背包重量，就可以把它装入，并将背包容量减去该物品的重量；然后出现一个最优子问题——同样是背包问题，只不过背包容量减少，物品集合减少。因此背包问题具有最优子结构性质。

3. 用贪心算法解背包问题的基本步骤

首先计算每种物品单位重量的价值 $V_i/W_i$，然后，依据贪心选择策略，将尽可能多的单位重量价值最高的物品装入背包。若将这种物品全部装入背包后，背包内的物品总重量未超过背包总容量 $C$，则选择单位重量价值次高的物品并尽可能多地装入背包。依此策略一直进行下去，直到背包装满为止。

具体算法可描述如下：

```
template<class Type>
void Knapsack(int n,float M,float v[],float w[],float x[])
{    Sort(n,v,w);          //将物品按单位重量价值排序
     int i;
     for (i=1;i<=n;i++)
        x[i]=0;            //将解向量初始化为 0
     float c=M;            //c 为背包剩余容量
     for (i=1;i<=n;i++)
     {   if (w[i]>c)
            break;
         x[i]=1;
         c-=w[i];
     }
     if (i<=n)
        x[i]=c/w[i];
}
```

算法 knapsack 的主要计算时间在于将各种物品依其单位重量的价值从大到小排序。因此，算法的计算时间上界为 $O(n\log n)$。

4. 贪心选择性质证明

为了证明算法的正确性，还必须证明背包问题具有贪心选择性质。可以通过将贪心法的解与任何最优解进行比较来证明，如果这两个解不同，就找出不相等的且下标最小的第一个，从中可推出与假设矛盾的结论。

证明：设有一按照单位重量价值由大到小排好序的最优解 $T=(t_k, ..., t_n)$，在这个最优解中，第一个装入的物品是 $t_k$。若 $k=1$，则说明首先装入单位重量价值最高的物品，也就是说存在以贪心性质出发的最优解。若 $k\neq1$，分为两种情况，第一种情况，如果物品 $k$ 比物品 1 重，则将 $k$ 物品中和物品 1 重量相等的部分从背包里拿出来，换成物品 1，构造一个新的解 $T'$，这个新的解不但满足背包的容量要求，而且背包内物品的价值优于 $T$；第二种情况，如果物品 1 比 $k$ 重，则将 $k$ 拿出来，装上 1 物品的一部分（与物品 $k$ 同样重量），这样不但满足背包的容量要求，而且背包价值优于 $T$。因此总存在以贪心性质开始的最优解，且能够由数学归纳法证明可

以求得满足贪心性质的最优解。

假设背包问题的最优解用 $T(1,...,n)$ 表示，按照单位重量价值排好序的物品用 $A(1,...,n)$ 表示，$k \leqslant j$ 时，满足贪心选择性质，即前 $j$（包括 $j$）次选择物品，每次都是按照单位重量价值由大到小选择。需要证明当 $k=j+1$ 时，也满足贪心选择性质，即第 $k=j+1$ 次选物品时仍然按照单位重量价值由大到小选择。

先证明 $T(1,...,n)$ 的子问题 $T(z+1,...,n)$ 也具有最优子结构性质：若 $A(z+1,...,n)$ 中选择物品的子问题的最优解为 $T(z+1,...,n')$，且其总价值比 $T(z+1,...,n)$ 的总价值更大，那么 $T(z+1,...,n')$ 与 $T(1,...,z)$ 合并后，可以得到原问题的解 $T(1,...,n')$，其总价值比 $T(1,...,n)$ 的总价值更大。这与 $T(1,...,n)$ 是最优解矛盾。所以 $T(z+1,...,n)$ 也具有最优子结构性质。

于是第 $k=j+1$ 次选择物品等价于子问题 $T(j+1,...,n)$ 的第一次选择物品，又因为 $k \leqslant j$ 时满足贪心选择性质，也就是说 $A(1,...,n)$ 的前 $j$ 个物品已经被选了，所以转换成 $T(j+1,...,n)$ 从 $A(j+1,...,n)$ 中选择第一个物品。总存在以贪心性质开始的最优解，显然优先选择物品 $j+1$。所以结论得证。

对于 0-1 背包问题，为什么不能用贪心选择来求解呢？这是因为 0-1 背包只能选择装入或不装入物品 $i$，不能部分装入，如果采用背包问题的贪心选择策略，则无法保证最终能将背包装满，部分闲置的背包空间使每公斤背包空间的价值降低了，所以不能得到最优解。

在考虑 0-1 背包问题时，应比较选择该物品和不选择该物品所导致的最终方案，然后再作出最好选择。由此就导出许多互相重叠的子问题。这正是该问题可用动态规划算法求解的另一重要特征。

## 5.5 最优装载问题

有一天，海盗们截获了一艘装满各种各样古董的货船，每一件古董都价值连城，虽然海盗船足够大，但载重量为 $C$，每件古董的重量为 $W_i$，问海盗们如何把尽量多的宝贝装上海盗船呢？该问题即为最优装载问题，要求在装载体积不受限制的情况下，将尽可能多的古董装上船。

1. 算法描述

该问题是 0-1 背包问题的子问题。古董相当于物品，物品重量是 $w_i$，价值 $v_i$ 都等于 1，海盗船载重量限制相当于背包重量限制，该问题只关心重量，与 0-1 背包问题既关心重量又关心价值不同，0-1 背包问题采用动态规划算法求解，时间复杂度比较高，而最优装载问题可以用贪心算法求解，时间复杂度比较低，容易获得最优解。

最优装载问题的最终目标是将尽可能多的古董装上海盗船，而且装载体积不受限制，所以可以采用重量最轻者先装上船的贪心选择策略，最终获得最优装载问题的最优解。

首先将古董按重量进行排序，使得 $w_1 \leqslant w_2 \leqslant ... \leqslant w_n$，然后按照重量标号从小到大装船，直到装入下一个古董将使得古董的总重量超过海盗船装的载重量限制，则停止。

代码描述如下：

```
template<class Type>
void Loading(int x[], Type w[], Type c, int n)
{   int *t = new int [n+1];    //存储排完序后w[]的原始索引
```

```
    Sort(w, t, n);              //按重量排序
    for (int i = 1; i <= n; i++)
      x[i] = 0;                 //初始化
    for (int i = 1; i <= n && w[t[i]] <= c; i++)    //可以装船
    {  x[t[i]] = 1;             //装入古董 i
       c -= w[t[i]];            //载重量减少
    }
}
```

### 2. 贪心选择性质

设古董已按重量从小到大排序，$A=(x_1, x_2,..., x_n)$是最优装载问题的一个最优解。如果 $A$ 的第一个箱子 $k=1$，那么 $A$ 是满足贪心选择性质（重量最轻者先装上船）的最优解；如果 $k \neq 1$，那么存在一个集合 $B=A-\{k\}+\{1\}$（即 $x_1=1$，$x_k=0$），也就是说将比古董 $x_1$ 重的古董 $x_k$ 从船上卸下，将古董 $x_1$ 装上船，此时 $A$、$B$ 内元素为 1 的个数一样多，但是 $B$ 的总重量更小，说明 $B$ 也是最优解，那么一定存在一个以重量最轻者先装上船的贪心选择开始的最优解。

### 3. 最优子结构性质

设 $(x_1, x_2,..., x_n)$ 是最优装载的满足贪心选择性质的最优解，$x_1=1$，那么 $(x_2, x_3,..., x_n)$ 则是海盗船载重量为 $c-w_1$，待装船古董为 $\{2,3,...,n\}$ 时相应的最优装载问题的最优解。也就是说该问题具备最优子结构性质。

### 4. 时间复杂度分析

按照古董的重量进行排序平均时间复杂度为 $O(nlogn)$，而按照贪心策略寻找最优解的 for 语句的时间复杂度为 $O(n)$，因此算法所需的时间复杂度为 $O(nlogn)$。

## 5.6　哈夫曼编码

哈夫曼编码（Huffman Coding），又称霍夫曼编码，是可变字长编码方式的一种，广泛应用于数据文件压缩，压缩率通常在 20%～90% 之间。哈夫曼编码算法用字符在文件中出现的频率表来建立一个用 0、1 串表示各字符的最优表示方式，采用不等长的编码方式，根据字符出现频率的不同，选择不同长度的编码，出现频率越高的字符采用越短的编码，出现频率较低的字符采用较长的编码，以此实现数据的高度压缩。这种对出现频率越高的字符采用越短的编码来编码的方式应用的就是贪心算法的思想。

假设一个数据文件包含 64 万个字符，该文件中各字符出现的频率如表 5.2 所示。

表 5.2　变长码

| 字符 | a | b | c | d | e | f | g | h |
|---|---|---|---|---|---|---|---|---|
| 频率/万次 | 20 | 9 | 7 | 14 | 5 | 6 | 1 | 2 |
| 定长码 | 000 | 001 | 010 | 011 | 100 | 101 | 110 | 111 |
| 变长码 | 11 | 101 | 001 | 01 | 1001 | 000 | 10000 | 10001 |

如果每个字符占用 1 个字节（8 位），则存储该文件内的字符需要 64×8=512 万个二进制位；

有没有比这种方式更节省存储空间的编码方式呢？我们可以采用定长码来存储，从表 5.2 可以看出，该文件内共 8 个字符，因此每个字符只需要使用 3 个二进制位来表示即可，则存储该文件内的字符需要 64×3=192 万个二进制位；有没有比定长码更节省存储空间的编码方式呢？可以使用如表 5.2 所示的变长码来存储，字符 a 和 d 需要 2 位，频率分别为 20 万次、14 万次；字符 b、c、f 需要 3 位，频率分别为 9 万次、7 万次、6 万次；字符 e 需要 4 位，频率为 5 次；字符 g 和 h 需要 5 位，频率分别为 1 万次、2 万次；总的存储位数为

2×(20+14)+3×(9+7+6)+4×5+5×(1+2)=162（万）。

通过上面的分析可知，使用变长码要比使用定长码好得多。通过给出现频率高的字符较短的编码，出现频率较低的字符以较长的编码，可以大大缩短总码长。

1. 前缀编码

对每一个字符规定一个 0、1 串作为其代码，对字符集进行编码时，要求任一个字符的编码都不是其他字符编码的前缀，这种编码方式称为前缀编码。编码的前缀性质可以使译码方法非常简单。举例说明如下：

**例 1**　假设有 4 个字符 a、b、c、d 需要编码表示，第 1 种编码方式为非前缀编码，将字符 a 编码为 001，b 编码为 00，c 编码为 010，d 编码为 01。这种编码方式在解码时有歧义，如字符串 0100001，可以有以下两种不同解码：

解码 1：01、00、001，对应的字符为 d、b、a。

解码 2：010、00、01，对应的字符为 c、b、d。

第 2 种编码方式为前缀编码，将字符 a 编码为 000，b 编码为 001，c 编码为 01，d 编码为 1。这种编码方式在解码时没有歧义，解码为 01、000、01，对应的字符为 c、a、c。

下面给出最优前缀编码的介绍。

可以用二叉树作为前缀编码的数据结构，在表示前缀编码的二叉树中，树叶代表给定的字符，可以将每个字符的前缀编码看作是从树根到代表该字符的树叶的一条路。从非叶子结点到它的左孩子，定义为 0；到它的右孩子，定义为 1；则编码中的 0 和 1 表示从某结点到其左孩子和右孩子的路标，如图 5.7 和图 5.8 所示。

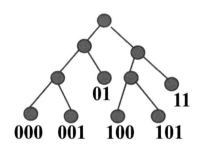

图 5.7　前缀编码树

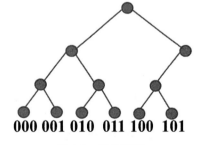

图 5.8　定长码树

一般情况下，如果 C 是编码的字符集，包含有 n 个字符，则表示最优前缀编码的二叉树恰好有 n 个叶子，每个叶子对应字符集中的一个字符，且该二叉树恰好有 n-1 个内部结点。

下面给出平均码长的定义。若 C 是编码的字符集，C 中每一个字符 c 的频率为 $f(c)$，字符集 C 的一个前缀编码方案对应二叉树 T，字符 c 在树 T 中的深度记为 $d_T(c)$，则该编码方案的平均码长定义为：

$$B(T) = \sum_{c \in C} f(c) d_T(c)$$

使平均码长达到最小的前缀编码方案称为给定编码字符集 $C$ 的最优前缀编码。

表示最优前缀编码的二叉树总是一棵完全二叉树，也就是说树中任一非叶子结点都有 2 个孩子结点，如图 5.7 所示。表示定长编码的二叉树不一定是完全二叉树，如图 5.8 所示。

2. 构造哈夫曼编码

哈夫曼提出构造最优前缀编码的贪心算法，根据此算法产生的编码方案称为哈夫曼编码。那么如何应用贪心算法构造哈夫曼编码？哈夫曼算法以自底向上的方式构造一棵表示最优前缀编码的二叉树 $T$，算法以 $n$ 个叶结点开始，执行 $n-1$ 次的"合并"运算后产生最终所要求的树 $T$。

哈夫曼树的具体构造方法如下描述：

（1）将 $n$ 个结点看成是有 $n$ 棵树的森林（每棵树仅有一个结点）。

（2）在森林中选出两个根结点的权值最小的树合并，作为一棵新树的左、右子树，且新树的根结点权值为其左、右子树根结点权值之和。

（3）从森林中删除选取的两棵树，并将新树加入森林。

（4）重复（2）、（3）步，直到森林中只剩一棵树为止，该树即为所求得的哈夫曼树。

得到哈夫曼树后，由树根开始，自顶向下按路径编号，指向左孩子结点的边标为 0，指向右孩子结点的边标为 1，从根到叶结点的所有边上的 0 和 1 连接起来，就是叶子结点中字符的哈夫曼编码。在哈夫曼树中，权值越大的叶子结点越靠近根结点，而权值越小的叶子结点越远离根结点。

哈夫曼编码中类 Huffman 的描述如下：

```
template<class Type>
class Huffman
{   friend BinaryTree<int> HuffmanTree(Type[],int);
    public:
        operator Type() const
        {return weight;}
        private:
        BinaryTree<int> tree;
        Type weight;
};
```

哈夫曼编码描述如下：

```
template<class Type>
BinaryTree<int> HuffmanTree(Type f[],int n)
{   //生成单结点树
    Huffman<Type> *w = new Huffman<Type>[n+1];
    BinaryTree<int> z,zero;
    for(int i=1; i<=n; i++)
    {   z.MakeTree(i,zero,zero);
        w[i].weight = f[i];
        w[i].tree = z;
```

```
    }
    //建优先队列
    MinHeap<Huffman<Type>> Q(n);
    for(int i=1; i<=n; i++) Q.Insert(w[i]);
    //反复合并最小频率树
    Huffman<Type> x,y;
    for(int i=1; i<n; i++)
    {   x = Q.RemoveMin();
        y = Q.RemoveMin();
        z.MakeTree(0,x.tree,y.tree);
        x.weight += y.weight;
        x.tree = z;
        Q.Insert(x);
    }
    x = Q.RemoveMin();
    delete[] w;
    return x.tree;
}
```

在哈夫曼算法中，首先用字符集 $C$ 中每一个字符 $c$ 的频率 $f(c)$ 初始化优先队列 $Q$。以 $f(c)$ 为键值的优先队列 $Q$ 在执行贪心选择策略时，能够有效地确定算法当前要合并的 2 棵具有最小频率的树。然后不断地从优先队列 $Q$ 中取出具有最小频率的两棵树 $x$ 和 $y$，将它们合并为一棵新树 $z$。$z$ 的频率是 $x$ 和 $y$ 的频率之和。新树 $z$ 以 $x$ 为其左孩子，$y$ 为其右孩子（也可以 $y$ 为其左孩子，$x$ 为其右孩子。不同的次序将产生不同的编码方案，但平均码长是相同的，也就是说，哈夫曼编码不是唯一的，但平均码长是唯一的）。经过 $n-1$ 次的合并后，优先队列中只剩下一棵树，即所要求的树 $T$。

**例 2**　各字符及其频次如表 5.3 所示，构造过程如图 5.9 所示。

表 5.3　字符频次表

| 字符 | a | b | c | d | e | f | g | h |
|------|---|---|---|---|---|---|---|---|
| 频率/万次 | 20 | 9 | 7 | 14 | 5 | 6 | 1 | 2 |

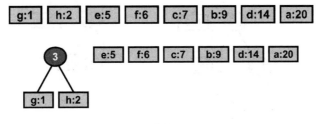

(a)

图 5.9（一）　构造哈夫曼编码

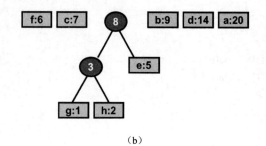

（b）

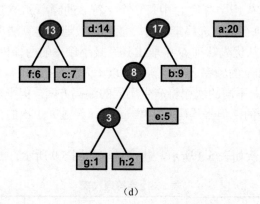

（c）

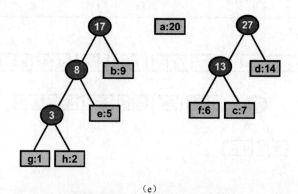

（d）

（e）

图 5.9（二）　构造哈夫曼编码

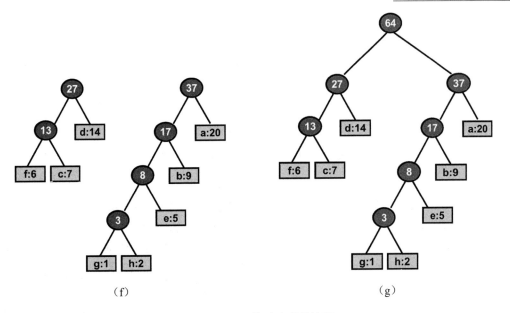

（f）　　　　　　　　　　　　　　　　　　（g）

图 5.9（三）　构造哈夫曼编码

　　例 2 的字符集中共有 8 个字符，因此初始优先队列 $Q$ 的大小设置为 8，总共用 7 次合并得到最终的编码树 $T$。每次合并使队列 $Q$ 的大小减 1，最终得到的树就是最优前缀编码——哈夫曼编码树，每个字符的编码由树 $T$ 的根到该字符的路径上各边的标号组成。

　　3. 哈夫曼编码的正确性

　　要证明哈夫曼算法的正确性，就要证明最优前缀编码问题具有贪心选择性质和最优子结构性质。

　　（1）贪心选择性质。

　　**证明：** 权值最小的字符对应的两个结点是哈夫曼树中最深的两个结点，且互为兄弟（表明第 1 次贪心选择是对的）。

　　**引理：** 设 $C$ 为一个字符集，其中每个字符 $c$ 具有频率 $f(c)$。设 $x$ 和 $y$ 为 $C$ 中具有最低频率的两个字符，则存在 $C$ 的一种最优前缀编码，其中 $x$ 和 $y$ 是最深的叶子结点，它们的编码长度相同但最后一位不同。

　　我们可以根据构造过程证明，交换任意一个结点与叶子结点不增加平均码长，来说明哈夫曼算法的贪心选择性质是正确的，可以求解最优解。

　　设二叉树 $T$ 表示 $C$ 的任意一个最优前缀编码，$m$ 和 $n$ 是二叉树 $T$ 的最深叶子结点且为兄弟，如图 5.10 所示。假设 $m$、$n$、$x$、$y$ 的频率满足

$$f(m) \leqslant f(n), \ f(x) \leqslant f(y)$$

由于 $x$ 和 $y$ 是 $C$ 中具有最小频率的两个字符，故满足以下要求：

$$f(x) \leqslant f(m), \ f(y) \leqslant f(n)$$

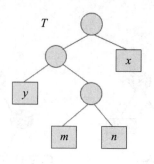

图 5.10　二叉树 $T$

需证明，可以对 $T$ 做适当调整后得到一棵新的二叉树 $T''$，使在新树中，$x$ 和 $y$ 是最深叶子且为兄弟。同时新树 $T''$ 表示的前缀编码也是 $C$ 的最优前缀编码。

首先在树 $T$ 中交换叶子 $m$ 和 $x$ 的位置得到树 $T'$，然后在树 $T'$ 中交换叶子 $n$ 和 $y$ 的位置得到树 $T''$，如图 5.11 所示。

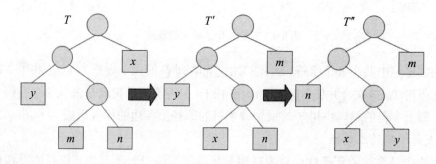

图 5.11　二叉树 $T$、$T'$、$T''$

由此可知，树 $T$ 和 $T'$ 表示的前缀编码的平均码长之差为

$$B(T) - B(T') = \sum_{c \in C} f(c) d_T(c) - \sum_{c \in C} f(c) d_{T'}(c)$$
$$= f(x) d_T(x) + f(m) d_T(m) - f(x) d_{T'}(x) - f(m) d_{T'}(m)$$
$$= f(x) d_T(x) + f(m) d_T(m) - f(x) d_T(m) - f(m) d_T(x)$$
$$= (f(m) - f(x))(d_T(m) - d_T(x))$$

因为 $m$ 的深度大于 $x$ 的深度，且

$$f(x) \leqslant f(m),\ f(y) \leqslant f(n)$$

则有

$$B(T) - B(T') = (f(m) - f(x))(d_T(m) - d_T(x)) \geqslant 0$$

也就是说，$B(T) \geqslant B(T')$，表示树 $T'$ 的平均码长不会大于树 $T$。

类似地，可以证明在 $T'$ 中交换 $y$ 与 $n$ 的位置也不增加平均码长，即：$B(T') - B(T'') \geqslant 0$。

由此可知：$B(T) \geqslant B(T') \geqslant B(T'')$。

由已知可知，$T$ 所表示的前缀编码是最优的，故 $B(T) \leqslant B(T'')$。

因此 $B(T) = B(T'')$。

结论：$T''$ 表示的前缀编码也是最优前缀编码，且 $x$ 和 $y$ 具有最长的码长，同时仅仅最后一位编码不同。

（2）最优子结构性质。

**证明：** 将两个孩子结点合并后，得到新结点，从原来的结点集中删除两个孩子结点，并将新结点加入，此时结点集中的结点个数为 $n-1$ 个，原问题转化为对 $n-1$ 个结点求最优前缀编码（表明第 2 步还是要做贪心选择）。

**引理：** 设 $C$ 为一个字符集，其中每个字符 $c$ 具有频率 $f(c)$，二叉树 $T$ 表示字符集 $C$ 的任意一个最优前缀编码，$x$ 和 $y$ 为二叉树 $T$ 中任意两个为兄弟叶结点的字符，$z$ 为它们的父结点。若认为 $z$ 的频率为 $f(z)=f(x)+f(y)$，则二叉树 $T'=T-\{x,y\}$ 就表示了字符集 $C'=C-\{x,y\}\cup\{z\}$ 上的一种最优前缀编码。

如图 5.12 所示，二叉树 $T$ 表示字符集 $C$ 的一个最优前缀编码，$x$ 和 $y$ 为二叉树 $T$ 中任意两个为兄弟叶结点的字符，$z$ 为它们的父结点。二叉树 $T'$ 表示字符集 $C'$ 的一个最优前缀编码。

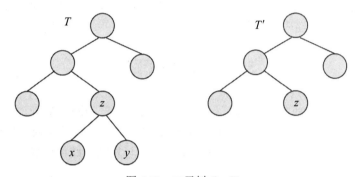

图 5.12　二叉树 $T$、$T'$

首先计算 $x$ 和 $y$ 的码长：　$B(T)=f(x)d_T(x)+f(y)d_T(y)$

$z$ 的码长：　$B(T')=f(z)d_{T'}(z)$

由图 5.12 可知，　$d_T(x)=d_T(y)=d_{T'}(z)+1$

则

$$B(T)=f(x)d_T(x)+f(y)d_T(y)$$
$$=[f(x)+f(y)][d_{T'}(z)+1]$$

又已知　$f(z)=f(x)+f(y)$

则

$$B(T)=f(z)[d_{T'}(z)+1]$$
$$=f(z)d_{T'}(z)+f(z)=B(T')+f(\mathrm{x})+f(\mathrm{y})$$

如果二叉树 $T'$ 不是字符集 $C'$ 上的最优前缀编码，二叉树 $T''$ 才是字符集 $C'$ 上的最优前缀编码，在二叉树 $T''$ 中，字符集 $C'$ 中的字符 $z$ 为叶结点。那么将 $x$ 和 $y$ 插入 $T''$ 中，使它们成为 $z$ 的孩子结点，可以得到字符集 $C$ 的一种前缀编码，使得 $B(T'')+f(x)+f(y)<B(T)$，和二叉树表示字符集 $C$ 的一个最优前缀编码矛盾。

4. 问题拓展

哈夫曼树的应用场景比较多，如 apache 负载均衡按权重请求策略的底层算法、路由器的路由算法、利用哈夫曼树实现汉字点阵字形的压缩存储、快速检索信息等底层优化算法，这些算法能够使用哈夫曼树模型求解的原因是算法最终目标带有权重或长度远近这类信息。下面给出两个拓展实例。

（1）金条切割问题：一块金条切成两半，需要花费和长度数值一样的铜板。比如长度为 20 的金条，不管切成长度多大的两半，都要花费 20 个铜板。一群人想整分整块金条，怎么分最省铜板？例如，整块金条长度为 60，有 3 个人想把金条要分成 10、20、30 三个部分。如果先把长度 60 的金条分成 10 和 50，花费 60；再把长度 50 的金条分成 20 和 30，花费 50；一共花费 110 铜板。但是如果先把长度 60 的金条分成 30 和 30，花费 60；再把长度 30 金条分成 10 和 20，花费 30；一共花费 90 铜板。

该问题就是输入一个数组，返回分割的最小代价。该问题按照哈夫曼编码原理，建一个小根堆，每次取出两个出来相加，再把结果添加到小根堆里面去，直到小根堆里的元素只剩下一个时，答案就出来了。

（2）文件归并问题：给定一组不同长度的排好序的文件构成的集合 $S = \{f_1, ..., f_n\}$，其中 $f_i$ 表示第 $i$ 个文件含有的项数。使用二分归并将这些文件归并成一个有序文件。

该问题的归并过程对应于二叉树，其中文件为树叶。$f_i$ 与 $f_j$ 归并的文件是它们的父结点。

## 5.7　单源最短路径

现实生活中，经常遇到路径规划问题，如机器人机械臂的路径规划、飞行器航迹规划、巡航导弹路径规划、旅行商问题（TSP）以及其衍生的各种车辆路径规划、虚拟装配路径规划、基于道路网的路径规划、电子地图 GPS 导航路径搜索与规划、路由问题等。路径规划问题可以用以下的数学模型进行描述。

给定带权有向图 $G=(V,E)$，其中每条边的权是非负实数，给定 $V$ 中的一个顶点，称为源，现在要计算从源到其他所有各顶点的最短路径长度。这里的路径长度是指路径上各边权之和，这个问题通常称为单源最短路径问题，单源最短路径可以获得一个顶点到其他点的最短距离，而不能求得任意两点之间的最短距离。如果边的权值为负值，容易出现扩展到负权边的时候会产生更短的距离，有可能就破坏了已经更新的点距离不会改变的性质。

如图 5.13 中的有向图，计算从源顶点 1 到其他顶点的最短路径，即为单源最短路径问题。

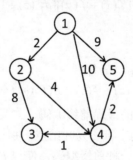

图 5.13　有向图例子

1. 算法基本思想

Dijkstra 算法是求解单源最短路径问题的一个常用的贪心算法。其基本思想是设置一个顶点集合 $S$，初始时 $S$ 中仅含有源点 $v_1$，Dijkstra 算法通过不断地作贪心选择来扩充这个集合 $S$，如果获得从源点到某顶点的最短路径，则将该顶点加入集合 $S$，直至 $S$ 中包含所有顶点为止。

Dijkstra 算法的贪心策略是在还未产生最短路径的顶点中，选择路径长度最短的顶点，然后更新与其相邻的点的路径长度。也就是说，Dijkstra 算法按路径长度顺序产生最短路径，事实上，下一条最短路径总是由已产生的最短路径再扩充一条最短的边得到的，而且这条路径所到达的顶点还未加入集合 S，也就是还未获得到达该顶点的最短路径。

具体基本思想描述如下：

（1）给定带权有向图 G=(V,E)，两个顶点集合 S、V-S。当从源点到某一顶点的最短路径长度已知时，将该顶点加入 S，也就是说 S 中的顶点到源点的最短路径已知，V-S 中的顶点到源点的最短路径待确定。初始时，S 中仅含有源点。

（2）设 u 是 V-S 集合中的某一个顶点，把从源点出发到 u 且中间只经过 S 中顶点的路称为从源点到 u 的特殊路径，用数组 dist 来记录当前每个顶点所对应的最短特殊路径长度。

（3）贪心策略：Dijkstra 算法每次从 V-S 中取出具有最短特殊路径长度的顶点 u，将 u 添加到 S 中，同时对数组 dist 作必要的修改，把 u 在 V-S 集合中去除，直到 S 中包含带权有向图 G 的所有顶点。一旦 S 包含了 V 的所有顶点，dist 就记录了从源点到所有其他顶点之间的最短路径长度。

2. 举例求解单源最短路径的具体过程

如图 5.13 所示，已知带权有向图 G。设 $v_1$ 为源点，求其到其余顶点的最短路径。

顶点 $V = \{ v_1, v_2, v_3, v_4, v_5 \}$；边 $E = \{ <v_1, v_2>, <v_1, v_4>, <v_1, v_5>, <v_2, v_3>, <v_2, v_4>, <v_4, v_3>, <v_4, v_5> \}$。

初始时，集合 S 只有源点 $v_1$，即加入集合 S 中的顶点 u 为 $v_1$。数组 dist[] 记录当前所有顶点的最短路径长度，某些点还未计算出来时，数组 dist[] 对应项填入一个极大值 maxint。从源点 $v_1$ 到其他顶点的最短特殊路径（中间只有来自于集合 S 中的顶点）长度分别为：dist[2]=2；dist[3]=maxint；dist[4]=10；dist[5]=9，如表 5.4 所示。

表 5.4　单源最短路径初始表格

| 迭代 | S | u | Dist[2] | Dist[3] | Dist[4] | Dist[5] |
|------|-----|-----|---------|---------|---------|---------|
| 初始 | {1} | — | 2 | maxint | 10 | 9 |

集合 S 为 $\{v_1\}$，其余顶点的最短特殊路径长度已确定。由于 dist[2]=2 的值最小，所以将顶点 $v_2$ 加入集合 S 中。此时集合 S 为 $\{v_1, v_2\}$，由于 S 中增加了一个顶点 $v_2$，从源点 $v_1$ 到其他点的最短特殊路径（中间只有来自于集合 S 中的顶点）需要修改，这里修改剩余的三个顶点的最短特殊路径值。例如，$v_3$ 的最短特殊路径为 $<v_1, v_2>$，$<v_2, v_3>$，长度为 10，如表 5.5 所示。

表 5.5　求解单源最短路径 1

| 迭代 | S | u | Dist[2] | Dist[3] | Dist[4] | Dist[5] |
|------|-------|-----|---------|---------|---------|---------|
| 初始 | {1} | — | 2 | maxint | 10 | 9 |
| 1 | {1,2} | 2 | 2 | 10 | 6 | 9 |

集合 S 为 $\{v_1, v_2\}$，其余顶点的最短特殊路径长度已确定。其中 dist[2]=2 的值最小，但顶点 2 已加入集合 S，剩下的最短路径中 dist[4]=6 的值最小，所以将顶点 $v_4$ 加入集合 S 中。此时集合 S 为 $\{v_1, v_2, v_4\}$，S 中又增加了一个顶点 $v_4$，需要修改剩余的两个顶点的最短特殊路径

值。例如，$v_3$ 的最短特殊路径为$<v_1, v_2>$，$<v_2, v_4>$，$<v_4, v_3>$，长度为 7；$v_5$ 的最短特殊路径为 $<v_1, v_2>$，$<v_2, v_4>$，$<v_4, v_5>$，长度为 8，如表 5.6 所示。

表 5.6　求解单源最短路径 2

| 迭代 | S | u | Dist[2] | Dist[3] | Dist[4] | Dist[5] |
|---|---|---|---|---|---|---|
| 初始 | {1} | — | 2 | maxint | 10 | 9 |
| 1 | {1,2} | 2 | 2 | 10 | 6 | 9 |
| 2 | {1,2,4} | 4 | 2 | 7 | 6 | 8 |

集合 S 为$\{v_1, v_2, v_4\}$，其余顶点的最短特殊路径长度已确定。其中未加入集合 S 的顶点中 dist[3]=7 的值最小，所以将顶点 $v_3$ 加入集合 S 中。此时集合 S 为$\{v_1, v_2, v_4, v_3\}$，S 中又增加了一个顶点 $v_3$，需要修改剩余的一个顶点的最短特殊路径值，如表 5.7 所示。

表 5.7　求解单源最短路径 3

| 迭代 | S | u | Dist[2] | Dist[3] | Dist[4] | Dist[5] |
|---|---|---|---|---|---|---|
| 初始 | {1} | — | 2 | maxint | 10 | 9 |
| 1 | {1,2} | 2 | 2 | 10 | 6 | 9 |
| 2 | {1,2,4} | 4 | 2 | 7 | 6 | 8 |
| 3 | {1,2,4,3} | 3 | 2 | 7 | 6 | 8 |

集合 S 为$\{v_1, v_2, v_4, v_3\}$，其余顶点的最短特殊路径长度已确定。由于只剩余 1 个顶点 $v_5$ 不在集合中，所以把它加入集合 S 中。此时集合 S 为$\{v_1, v_2, v_4, v_3, v_5\}$，所有顶点已遍历完成。

此时，dist 值为源点到对应顶点的最短特殊路径长度，如表 5.8 所示。

表 5.8　求解单源最短路径 4

| 迭代 | S | u | Dist[2] | Dist[3] | Dist[4] | Dist[5] |
|---|---|---|---|---|---|---|
| 初始 | {1} | — | 2 | maxint | 10 | 9 |
| 1 | {1,2} | 2 | 2 | 10 | 6 | 9 |
| 2 | {1,2,4} | 4 | 2 | 7 | 6 | 8 |
| 3 | {1,2,4,3} | 3 | 2 | 7 | 6 | 8 |
| 4 | {1,2,4,3,5} | 5 | 2 | 7 | 6 | 8 |

由表 5.8 的构造过程可知，按长度顺序产生最短路径时，下一条最短路径总是由已产生的最短路径再扩充一条最短的边得到的，且这条路径所到达的顶点其最短路径还未产生。如第 1 次迭代时，到达顶点 3 的最短路径是在到达顶点 2 的最短路径的基础上扩充了一条边形成的，第 2 次迭代时，到达顶点 3 的最短路径是在到达顶点 4 的最短路径的基础上扩充了一条边形成的。

3. 算法描述

下面给出求解单源最短路径的步骤描述。

（1）用带权的邻接矩阵 $c$ 来表示带权有向图，$c[i][j]$ 表示边$<v_i, v_j>$上的权值，如果顶点 $v_i$ 到 $v_j$ 没有边，则记为 maxint。S 为已知最短路径的终点的集合，它的初始状态为空集（开始只

有源点 $u$）。从源点 $v_1$ 经过集合 $S$ 中的顶点到图上其余各点 $v_i$ 的当前最短路径长度的初值为：dist[i]=$c[v][i]$, $v_i$ 属于 $V$。

（2）扫描非 $S$ 集中 dist[] 值最小的结点 dist[u]，也就是找出下一条最短路径，把结点 $u$ 加入 $S$ 集中。也就是说需要选择 $u$，使得 dist[u]=min{dist[i] | $v_i$ 属于 $V-S$},$v_i$ 就是长度最短的最短路径的终点。令 $S=S \cup \{u\}$。

（3）更新从 $v$ 到集合 $V-S$ 上任一顶点 $v_i$ 的当前最短路径长度，看看是否可通过新加入的 $u$ 点让其路径更短：如果 dist[u]+$c[u][j]$<dist[j]，则修改 dist[j]=dist[u]+$c[u][j]$。

（4）重复操作（2）（3）共 $n-1$ 次，依次找出所有顶点的最短路径。

求解单源最短路径的伪代码如下：

```
int dijkstra(int s,int t)
{  初始化 S={空集}
   d[s] = 0；其余 d 值为正无穷大
   while (NOT t in S)
   {  取出不在 S 中的最小的 d[i];
      for (所有不在 S 中且与 i 相邻的点 j)
         if (d[j] > d[i] + cost[i][j])      //有更短的路径
            d[j] = d[i] + cost[i][j];       //更新最短路径
      S = S + {i};                          //把 i 点添加到集合 S 里
   }
   return d[t];
}
```

4. 具体代码描述

求解单源最短路径的代码如下：

```
template<class Type>
void Dijkstra(int n,int v,int dist[],int prev[])
{  for(int i=1;i<=n;i++)
   {  dist[i]=c[v][i];        //对 dist 数组进行初始化，从源点到 i 的距离 v→i 赋值给 dist
      s[i]=false;             //将 s 数组置空
      if(dist[i]==maxint)     //判断 v→i 是否可以直达，如果可以直达的话，给 prev 数组赋值为
                              //其前一个结点
         prev[i]=0;
      else
         prev[i]=v;
   }
   dist[v]=0;//先将源点设为 true，将其纳入 s 集合
   s[v]=true;
   for(int i=1;i<=n;i++)
   {  int temp=maxint;
      int u=v;
      for(int j=1;j<=n;j++)
      {  if((!s[j])&&(dist[j]<temp))//找出除 s 集合外的且路径最短的一个点
         {  u=j;
            temp=dist[j];
         }
```

```
        }
     s[u]=true;//将本次循环新找到的点，纳入 s 集合中
     for(int j=1;j<=n;j++)//将 u 作为源，更新 dist 数组中的数据
        {  if((!s[j])&&(c[u][j]<maxint))//j 不在 s 集合中，且从 u→j 可以直达
          {  int newdist = dist[u]+c[u][j];
               if(newdist<dist[j])
               {//若通过 u→j 的路线，比原来的路线要短，则更新 dist 数组中的数据
                    dist[j]=newdist;
                    prev[j]=u;
               }
          }
        }
   }
```

5. 算法的正确性和计算复杂度

（1）贪心选择性质。Dijkstra 算法是贪心算法比较典型的例子，选择当前从源点 $v_1$ 出发用最短的路径所到达的顶点 $u$，这就是目前的局部最优解，也就是当前所做的贪心选择。

用反证法证明该性质。我们从集合 $V\text{-}S$ 中选择了具有最短特殊路径的顶点 $u$，从而确定了从源点 $v$ 到 $u$ 的最短路径长度 dist[u]。那么从源点 $v$ 到 $u$ 有没有其他更短的路径？如图 5.14 所示，如果存在一条从源点 $v$ 到 $u$ 且长度比 dist[u] 更短的路，设这条路初次走出 $S$ 之外到达的顶点为 $x(x$ 属于 $V\text{-}S)$，然后徘徊于 $S$ 内外若干次，最后离开 $S$ 到达 $u$。在这条路上分别记 $d(v,x)$、$d(x,u)$、$d(v,u)$ 为源点 $v$ 到顶点 $x$、顶点 $x$ 到顶点 $u$、源点 $v$ 到顶点 $u$ 的路径长度。根据我们的假设则有以下关系式：

$d(v,x)+ d(x,u)= d(v,u)<$dist[u]（存在一条从源点 $v$ 到 $u$ 且长度比 dist[u] 更短的路）

$\because d(x,u)\geqslant 0$（路长满足 $\geqslant 0$）

$\therefore d(v,x)\leqslant d(v,u)<$dist[u]

又$\because$ dist[x]$\leqslant d(v,x)$（从源点 $v$ 到 $x$ 的最短路径长度 dist[x] 不会比源点 $v$ 到顶点 $x$ 的路径长度更长）

$\therefore$ dist[x]$<$dist[u]（从源点 $v$ 到 $x$ 的最短路径长度 dist[x] 比从源点 $v$ 到 $u$ 的最短路径长度 dist[u] 短）

Dijkstra 算法的贪心选择性质是选择当前从源点出发用最短的路径所到达的顶点，那么此时顶点 $x$ 应该是当前贪心选择最优的顶点，这与顶点 $u$ 是当前贪心选择矛盾，由此得证。

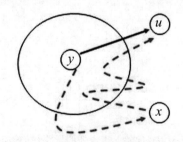

图 5.14 从源点 $v$ 到 $u$ 的最短路径

（2）最优子结构性质。该性质描述为：如果 $S(i,j)= \{V_i...V_k...V_n...V_j\}$ 是从顶点 $i$ 到 $j$ 的最短路径，$k$ 和 $n$ 是这条路径上的中间顶点，那么 $S(k,n)$ 必定是从 $k$ 到 $n$ 的最短路径。下面证明

该性质的正确性。

若 $S(i, j)=\{V_i...V_k...V_n...V_j\}$ 是从顶点 $i$ 到 $j$ 的最短路径，则有 $S(i, j)=S(i,k)+S(k,n)+S(n, j)$。假设 $S(k,n)$ 不是从 $k$ 到 $n$ 的最短距离，那么必定存在另一条从 $k$ 到 $n$ 的最短路径 $S'(k,n)$，那么 $S'(i,j)=S(i,k)+S'(k,n)+S(n,j)<S(i,j)$。这与 $S(i,j)$ 是从 $i$ 到 $j$ 的最短路径相矛盾。因此该性质得证。

（3）计算复杂度。对于具有 $n$ 个顶点和 $e$ 条边的带权有向图，如果用带权邻接矩阵表示这个图，那么 $Dijkstra$ 算法的主循环体需要 $O(n)$ 时间。这个循环需要执行 $n-1$ 次，所以完成循环需要 $O(n^2)$ 时间。算法的其余部分所需要时间不超过 $O(n^2)$。因此算法时间复杂度为 $O(n^2)$。

**6. 实例**

求图 5.15 中顶点 $a$ 到其他所有顶点的最短路径，这里该图的权值用邻接表表示，如图 5.16 所示。

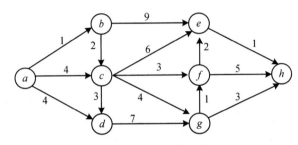

图 5.15　有向带权图

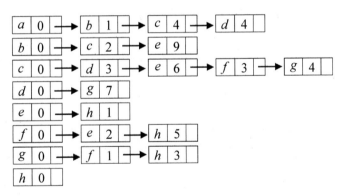

图 5.16　邻接表

根据 Dijkstra 算法的描述，图中顶点 $a$ 到其他所有顶点的最短路径的求解过程如表 5.9 所示。

表 5.9　单源最短路径求解过程

| 迭代 | S | u | Dist[b] | Dist[c] | Dist[d] | Dist[e] | Dist[f] | Dist[g] | Dist[h] |
|---|---|---|---|---|---|---|---|---|---|
| 初始 | {a} | — | 1 | 4 | 4 | maxint | maxint | maxint | maxint |
| 1 | {ab} | b | 1 | 3 | 4 | 10 | maxint | maxint | maxint |
| 2 | {abc} | c | 1 | 3 | 4 | 9 | 6 | 7 | maxint |
| 3 | {abcd} | d | 1 | 3 | 4 | 9 | 6 | 7 | maxint |

| 迭代 | S | u | Dist[b] | Dist[c] | Dist[d] | Dist[e] | Dist[f] | Dist[g] | Dist[h] |
|---|---|---|---|---|---|---|---|---|---|
| 4 | {abcdf} | f | 1 | 3 | 4 | 8 | 6 | 7 | 11 |
| 5 | {abcdfg} | g | 1 | 3 | 4 | 8 | 6 | 7 | 10 |
| 6 | {abcdfge} | e | 1 | 3 | 4 | 8 | 6 | 7 | 9 |
| 7 | {abcdfgeh} | h | 1 | 3 | 4 | 8 | 6 | 7 | 9 |

## 5.8 最小生成树

在实际生活中，图的最小生成树问题有着广泛的应用。例如，用图的顶点代表城市，顶点与顶点之间的边代表城市之间的道路或通信线路，用边的权值大小代表道路的长度或通信线路的费用，则最小花费生成树问题，就表示为求城市之间最短的道路或费用最少的通信线路问题。

1. 生成树

（1）生成树的定义。

**定义 1**：设有无向连通图 $G=<V,E>$，其中 $V$ 为图 $G$ 中所有顶点集合，$E$ 为图 $G$ 中所有边的权值集合；无向连通图 $G'=<V',E'>$，其中 $V'$ 为图 $G'$ 中所有顶点集合，$E'$ 为图 $G'$ 中所有边的权值集合。若 $G'\subseteq G$，且 $V'=V$，则称 $G'$ 是 $G$ 的生成子图。

例如：图 5.17 中，（a）是无向完全图，（b）、（c）、（d）、（e）是它的生成子图。

**定义 2**：若无向图 $G$ 的生成子图 $T$ 是树，则称 $T$ 是 $G$ 的生成树，也叫支撑树。生成树中的边称为树枝。

例如：图 5.17 中，（b）不是图（a）的生成树，而图（c）、（d）、（e）都是（a）的生成树。

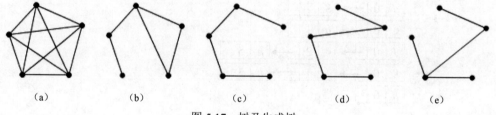

| （a） | （b） | （c） | （d） | （e） |

图 5.17　树及生成树

（2）生成树的性质。若无向连通图 $G=<V,E>$，$T$ 是 $G$ 的生成树。则生成树 $T$ 有如下性质：

性质 1：$T$ 是不含简单回路的连通图。

性质 2：$T$ 中的每一对顶点 $u$ 和 $v$，恰好有一条从 $u$ 到 $v$ 的基本通路。

性质 3：若 $T$ 中顶点个数 $|V|=n$，边的条数 $|E|=m$，则有 $m=n-1$。

性质 4：在 $T$ 中的任何两个不相邻接的顶点之间增加一条边，则得到 $T$ 中唯一的一条基本回路。

2. 最小生成树

设 $G=(V,E)$ 是无向连通带权图，即一个网络，$E$ 中每条边 $(v,w)$ 的权为 $c[v][w]$，$G$ 的生成树 $G'$ 上各边权的总和称为该生成树的耗费。在 $G$ 的所有生成树中，耗费最小的生成树称为 $G$ 的最小生成树。

### 5.8.1 最小生成树性质

将贪心策略用于求解无向连通图的最小代价生成树时，核心问题是需要确定贪心选择性质。根据确定好的贪心选择性质，算法的每一步从图中选择一条符合该贪心策略的边，共选择 $n-1$ 条边，构成无向连通图的一棵生成树。贪心算法求解的关键是该贪心策略必须足够好，它应当保证依据此准则选出的 $n-1$ 条边可以构成原图的一棵生成树，必定是最小代价生成树。

本节介绍的构造最小生成树的 Prim 算法和 Kruskal 算法都可以看做是应用贪心算法设计策略的例子。尽管这两个算法做贪心选择的方式不同，但是它们都利用了下面的最小生成树性质：

设 $G=(V,E)$ 是连通带权图，$U$ 是 $V$ 的真子集。如果 $(u,v) \in E$，$u \in U$，$v \in V-U$，且在所有这样的边中，$(u,v)$ 的权 $c[u][v]$ 最小，那么一定存在 $G$ 的一棵最小生成树，它以 $(u,v)$ 为其中一条边。这个性质有时也称为 *MST* 性质。

**证明**：可以用反证法证明。

如果图 $G$ 的任何一棵最小代价生成树都不包括 $(u,v)$。将 $(u,v)$ 加到图 $G$ 的一棵最小代价生成树 $T$ 中，将形成一条包含边 $(u,v)$ 的回路，并且在此回路上必定存在另一条不同的边 $(u',v)$，使得 $u' \in U$，$v \in V-U$。删除边 $(u',v)$，便可消除回路，并同时得到另一棵生成树 $T'$。

因为 $(u,v)$ 的权值不高于 $(u',v)$，则 $T'$ 的代价亦不高于 $T$，且 $T'$ 包含 $(u,v)$，故与假设矛盾。

这一结论是 Prim 算法和 Kruskal 算法的理论基础。

无论 Prim 算法还是 Kruskal 算法，每一步选择的边均符合 MST 性质，因此必定存在一棵最小代价生成树包含每一步上已经形成的生成树（或者森林），并包含新添加的边。其中 Prim 算法的贪心准则是：在保证 $S$ 所代表的子图是一棵树的前提下，选择一条最小代价的边 $e=(u,v)$。Kruskal 算法的贪心准则是：按边代价的非减次序考察 $E$ 中的边，从中选择一条代价最小的边 $e=(u,v)$，这种做法使得算法在构造生成树的过程中，当前子图不一定是连通的。

设 $G=(V,E)$ 是带权的连通图，$TE=(V,S)$ 是图 $G$ 的最小代价生成树，根据最小生成树性质，可得描述最小生成树算法的伪代码如下：

```
ESetType SpanningTree(ESetType E,int n)
{ //G=(V,E)为无向图, E 是图 G 的边集, n 是图中结点数
    ESetType TE=∅;      //TE 为生成树上边的集合
    int u,v,k=0; EType e；//e=(u,v)为一条边
    while(k<n-1 && E 中尚有未检查的边)
    { //选择生成树的 n-1 条边
        e=select(E);     //按贪心选择策略选择一条边
        if(TE∪e 不包含回路) //判定可行性
        { TE=TE∪e; //在生成树边集 TE 中添加一条边
            k++;
        }
    }
    return S;
}
```

### 5.8.2 Prim 算法

设 $G=(V,E)$ 是连通带权图，顶点 $V=\{1,2,...,n\}$，边 $(u,v)$ 的权值为 $c[u][v]$。

构造 $G$ 的最小生成树的 Prim 算法的基本思想是，首先将顶点 1 加入集合 $S$，然后循环做

如下的贪心选择：选取满足条件的顶点 $i$ 和 $j$，其中 $i \in S$，$j \in V\text{-}S$，且 $c[i][j]$ 最小的边，将顶点 $j$ 添加到 $S$ 中。这个过程一直持续到 $S=V$ 时为止。在这个过程中选取到的所有边恰好构成 $G$ 的一棵最小生成树。

算法基本步骤如下：

（1）设 $N=(V, E)$ 是连通网，$TE$ 是 $N$ 上最小生成树中边的集合。

（2）初始令 $U=\{u_0\}$ $(u_0 \in V)$，$TE=\{\ \}$。

（3）在所有 $u \in U$，$v \in V\text{-}U$ 的边 $(u, v) \in E$ 中，找一条代价最小的边 $(u_0, v_0)$。

（4）将 $(u_0, v_0)$ 并入集合 $TE$，同时 $v_0$ 并入 $U$。

（5）重复上述操作直至 $U=V$ 为止，则 $T=(V,TE)$ 为 $N$ 的最小成树。

对于图 5.18 给出的连通带权图，使用 Prim 算法构造最小生成树的过程如图 5.19 所示。

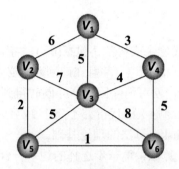

图 5.18　连通带权图

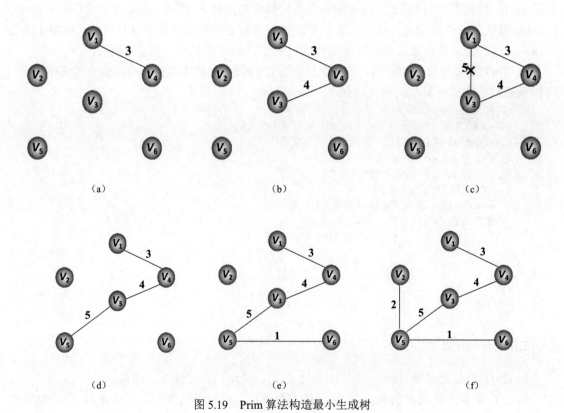

图 5.19　Prim 算法构造最小生成树

　　为了便于在两个顶点集 $S$ 和 $V\text{-}S$ 之间选择权最小的边，建立了两个辅助数组 closest 和 lowcost，它们记录从 $S$ 到 $V\text{-}S$ 具有最小权值的边，该边的顶点 $i{\in}S$，顶点 $j{\in}V\text{-}S$。对于某个 $j{\in}V\text{-}S$，closest[j]存储该边在 $S$ 中的邻接顶点编号，这个编号与 $j$ 在 $S$ 中的其他邻接顶点 $k$ 相比较，满足

$$c[j][\text{closest}[j]] \leqslant c[j][k]$$

而 lowcost[j]存储这个最小的权值，也就是 $c[j][\text{closest}[j]]$。

　　在 Prim 算法执行过程中，先找出 $V\text{-}S$ 中使 lowcost 值最小的顶点 $j$，然后根据邻接顶点数组 closest 选取边 $(j,\text{closest}[j])$，最后将 $j$ 添加到 $S$ 中，添加顶点后再对邻接顶点数组 closest 和权值数组 lowcost 更新。

　　用上述思想实现的 Prim 算法代码描述如下：

```
template<class Type>
1 void Prim(int n,Type c[][N+1])
2 {   Type lowcost[N+1];//记录 c[j][closest]的最小权值
3     int closest[N+1];//V-S 中点 j 在 S 中的最邻接顶点
4     bool s[N+1];
5     s[1] = true;
6     //初始化 s[i],lowcost[i],closest[i]
7     for(int i=2; i<=n; i++)
8     {   lowcost[i] = c[1][i];
9         closest[i] = 1;
10        s[i] = false;
11    }
12    for(int i=1; i<n; i++)
13    {   Type min = inf;
14        int j = 1;
15        for(int k=2; k<=n; k++)           //找出 V-S 中使 lowcost 最小的顶点 j
16        {   if((lowcost[k]<min)&&(!s[k]))
17            {   min = lowcost[k];
18                j = k;
19            }
20        }
21        cout<<j<<' '<<closest[j]<<endl;
22        s[j] = true;//将 j 添加到 S 中
23        for(int k=2; k<=n; k++)//将 j 添加到 S 后，更新 closest 和 lowcost 的值
24        {   if((c[j][k]<lowcost[k] && (!s[k])))
25            {   lowcost[k] = c[j][k];
27                closest[k] = j;
28            }
29        }
30    }
31 }
```

　　下面对 Prim 算法的时间复杂度进行分析：第 7～11 行，需花费 $O(n)$时间；第 12～30 行的循环共执行 $n\text{-}1$ 次，第 15～20 行的循环及第 23～29 行的循环都需执行 $n\text{-}1$ 次。因此，Prim 算法的时间复杂度为 $O(n^2)$，也就是说 Prim 算法与图的顶点个数 $n$ 有关，与边 $e$ 无关，因此适

用于稠密图求最小生成树。

### 5.8.3 Kruskal 算法

设 $G=(V,E)$ 是连通带权图，$V=\{1,2,\ldots,n\}$。

构造 $G$ 的最小生成树的 Kruskal 算法的基本思想是：首先构造一个只有 $n$ 个顶点，没有边的非连通图 $SG$，然后从权值最小的边开始依次添加，若该边的添加不使 $SG$ 图产生回路，则将此边加入到非连通图 $SG$ 上，否则不添加该边；如此重复，直至添加完 $n-1$ 条边。

算法基本步骤如下：

（1）设连通网 $N=(V,E)$，令最小生成树初始状态为只有 $n$ 个顶点而无边的非连通图 $T=(V,\{\ \})$，每个顶点自成一个连通分量。

（2）在 $E$ 中选取代价最小的边，若该边依附的顶点落在 $T$ 中不同的连通分量上（即不能形成环），则将此边加入到 $T$ 中；否则，舍去此边，选取下一条代价最小的边。

（3）依此类推，直至 $T$ 中所有顶点都在同一连通分量上为止。

（4）判断是否产生回路可以用并查集；每次用选择权边最小的边可以用优先队列。

例如，对图 5.18 的连通带权图，按 Kruskal 算法顺序得到的最小生成树上的边如图 5.20 所示。

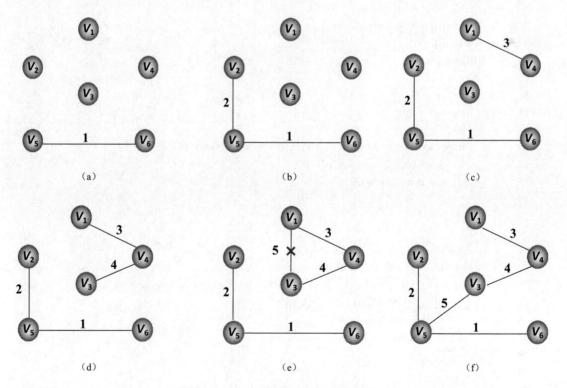

图 5.20　Kruskal 算法构造最小生成树

在 Kruskal 算法中，当考虑一条边 $e=(u,v)$ 时，我们需要有效地找出包含顶点 $u$ 和 $v$ 的集合，如果两个顶点 $u$ 和 $v$ 位于同一集合，也就是已经存在一条从 $u$ 到 $v$ 的路径，如果加入边 $e$ 就会产生回路，此时边 $e$ 不能加入最小生成树。如果两个顶点 $u$ 和 $v$ 位于不同的集合，也就是不存在连接结点 u 和 v 的路径，此时边 e 可以加入到最小生成树中，将边 e 加入之后，u 和 v 就属于同一个顶点集合了。我们采用并查集 unionfind 支持 Kruskal 算法的相关操作，并查集是一种树型的数据结构，用于处理一些不相交集合的合并及查询问题，主要包括 union(a,b) 和 find(v) 两个基本运算：其中 union(a,b) 将两个集合 a 和 b 连接起来，所得的结果为 A 或 B；find(v) 返回 U 中包含顶点 v 的集合名字，这个运算用来确定某条边的两个端点所属的集合。

在 Kruskal 算法中，选取权值最小的边 e = (u, v) 之后，先使用 find(v) 操作检测 u 和 v 是否位于同一个集合，若是则放弃这条边，如果不是，则加入边 e，执行 union(a,b) 操作将 u 和 v 所在的两个集合合并。

基于 Kruskal 算法的特点，存储图的方式将不会使用邻接表或者邻接矩阵，而是直接存储边，我们采用最小堆 MinHeap 存储边，最小堆是一种经过排序的完全二叉树，其中任一非叶子结点的数据值均不大于其左子结点和右子结点的值。按权的递增顺序查看的边的序列可以看作是一个优先队列，它的优先级为边的权值。

实现 Kruskal 算法的代码描述如下：

```
template<class Type>
1. void kruskal(NODE V[ ],EDGE E[ ],EDGE T[ ],int n,int m)
2. {    int i,j,k;
3.      EDGE e;
4.      NODE *u,*v;
5.      make_heap(E,m);          //用边集构成最小堆
6.      for (i=0;i<n;i++)         //每个顶点都作为树的根结点，构成森林
7.      {  V[i].rank = 0;
8.         V[i].p = NULL;
9.      }
10.     i = j = 0;
11.     while ((i<n-1)&&(m>0)
12.     {  e = delete_min(E,&m);   //从最小堆中取下权最小的边
13.        u = find(&V[e.u]);      //检索与边相邻接的顶点所在树的根结点
14.        v = find(&V[e.v]);
15.        if (u!=v)       //两个根结点不在同一棵树上
16.        {  union(u,v);          //连接它们
17.           T[j++] = e;          //把边加入最小花费生成树
18.           i++;
19.        }
20.     }
21. }
```

下面对 Kruskal 算法的时间复杂度进行分析：查找操作 find(v) 可以用 $O(1)$ 的时间给出一个结点 u 所属的集合，合并操作 union(a,b) 则需要 $O(n)$ 的时间来合并两个集合。第 5 行用 m 条边构成最小堆，时间复杂度为 $O(m\log m)$；第 6～8 行，需 $O(n)$ 时间；第 11～20 行，外循环最多 n-1 次，12 行每执行一次需 $O(\log m)$，共 $O(n\log m)$，find 操作至多执行 2m 次，总花费至多为 $O(m\log n)$，因此，算法的时间复杂度为 $O(m\log m)$。

# 5.9　多机调度问题

多机调度问题要求给出一种作业调度方案，使所给的 n 个作业在尽可能短的时间内由 m

台机器加工处理完成。约定：每个作业均可在任何一台机器上加工处理，但未完工前不允许中断处理。作业不能拆分成更小的子作业。

这个问题是 NP 类问题，到目前为止还没有有效的解法。对于这一类问题，用贪心选择策略有时可以设计出较好的近似算法。

采用最长处理时间作业优先的贪心选择策略可以设计出解多机调度问题的较好的近似算法。

按此策略，当 $n \leq m$ 时，只要将机器 $i$ 的 $[0, t_i]$ 时间区间分配给作业 $i$ 即可，算法只需要 $O(1)$ 时间。

当 $n > m$ 时，首先将 $n$ 个作业依其所需的处理时间从大到小排序。然后依此顺序将作业分配给空闲的处理机。算法所需的计算时间为 $O(n\log n)$。

实现该策略的算法描述如下：

1. 所需数据结构

```
typedef struct Job
{//作业的信息，用于定义作业数组 a[]
    int ID;
    int time;
}Job;

typedef struct JobNode
{//作业结点信息，记录每个机器运行的作业
    int ID;
    int time;
    JobNode *next;
}JobNode, *pJobNode;

typedef struct Header
{//机器头结点，其中 s 为该机器需要运行作业的总时间，用于定义作业数组 M[]
    int s;
    pJobNode next;
}Header, pHeader;
```

2. 选择最小值函数 SelectMin()

```
int SelectMin(Header *M, int m)
{//读取头结点的 s 值，得出运行时间最小的机器下标并返回
    int k = 0;
    for(int i=1; i<m; i++)
        if(M[i].s < M[k].s)
            k = i;
    return k;
}
```

3. 选择最大值函数 SelectMax()

```
int SelectMax(Header *M, int m)
{//用于最后得出所有作业完成至少需要多少时间的函数
//也是对头结点的 s 进行比较
    int k = 0;
    for(int i=1; i<m; i++)
```

```
            if(M[i].s > M[k].s)
                k = i;
        return k;
    }
```

### 4. 作业调度函数 Dispatch()

```
int Dispatch(Job *a, Header *M, int n, int m)
{   int min, max;
    JobNode *p, *q;                        //中间变量
    for(int i=0; i<n; i++)
        {//将机器的总时间和作业指针初始化
            M[i].s = 0;
            M[i].next = NULL;
        }
    Sort(a, n);                //将 a[]作业数组从小到大进行排序
    if(n <= m)
    return a[0].time;          //作业数小于机器数的情况，直接取排好序的作业数组的第一个元素
    for(int j=0; j<n; j++)
    {   q = (pJobNode)malloc(sizeof(JobNode));    //给中间变量分配空间
        min = SelectMin(M, m);  //得出作业时间总和最小的机器的下标
        M[min].s += a[j].time;
        q->ID = a[j].ID;         //将 a 数组中的元素变成作业结点数据
        q->time = a[j].time;
        q->next = NULL;          //尾指针置空
        if(!M[min].next)         //M 未进行结点插入的情况，加入作业结点到头结点之后
            M[min].next = q;
        else                     //M 已有作业结点的情况，加入作业结点到尾部
        {   p = M[min].next;
            while(p->next)
                p = p->next;
            p->next = q;
        }
    }
    Print(M, m);                 //输出每台机器的运行作业的 ID
    max = SelectMax(M, m);       //得出最大的 s 的机器的下标
    return M[max].s;             //返回至少需要的时间
}
```

例如，设 7 个独立作业 {s1,s2,s3,s4,s5,s6,s7} 由 3 台机器 $M_1$，$M_2$ 和 $M_3$ 加工处理。各作业所需的处理时间分别为 {2,14,4,16,6,5,3}。按算法 greedy 产生的作业调度如图 5.21 所示，所需的加工时间为 17。

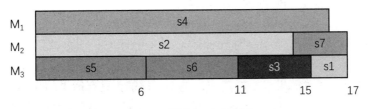

图 5.21　调度加工时间图

# 习　题

以下算法需要给出贪心选择性质证明及时间复杂度分析。

1．实现会场安排问题贪心算法。

假设要在足够多的会场里安排一批活动，并希望使用尽可能少的会场。设计一个有效的贪心算法进行安排。

2．磁带的最优存储。

假定有 $n$ 个程序需存放在长度为 $L$ 的磁带上，每一个程序 $i$ 有长度 $l(i)$（$1 \leqslant i \leqslant n$），$l(1)+l(2)+...+l(n) \leqslant L$。假定无论什么时候，检索该磁带上的某个程序时，带的位置都处于始端。因此，若程序按 $I=i(1),i(2),...,i(n)$ 存放时，则检索程序 $i(j)$ 的时间 $t(j)$ 为 $l[i(1)]+l[i(2)]+...+l[i(j)]$，如果各程序的检索机会相等，则期望检索时间为 $[t(1)+t(2)+...+t(n)]/n$。试给出一个贪心算法，找出 $n$ 个程序的一种排列，证明当它们按此顺序存放时，能使期望检索时间最少。

3．磁盘文件最优存储。

设磁盘上有 $n$ 个文件$(f_1, f_2, ..., f_n)$，每个文件占用磁盘上的 1 个磁道。这 $n$ 个文件的检索概率分别是$(p_1, p_2, ..., p_n)$，且 $p_1+p_2+...+p_n=1$。磁头从当前磁道移到被检信息磁道所需的时间可用这 2 个磁道之间的径向距离来度量。如果文件 $f_i$ 存放在第 $i$ 道上（$1 \leqslant i \leqslant n$），则检索这 $n$ 个文件的期望时间是对于所有的 $i<j$，time+= $p_ip_jd(i, j)$。其中 $d(i, j)$ 是第 $i$ 道与第 $j$ 道之间的径向距离$|i-j|$。磁盘文件的最优存储问题要求确定这 $n$ 个文件在磁盘上的存储位置，使期望检索时间达到最小。

4．程序存储问题。

设有 $n$ 个程序$\{1,2,..., n\}$要存放在长度为 $L$ 的磁带上。程序 $i$ 存放在磁带上的长度是 $l_i$（$1 \leqslant i \leqslant n$）。程序存储问题要求确定这 $n$ 个程序在磁带上的一个存储方案，使得能够在磁带上存储尽可能多的程序。

5．最优服务次序问题。

设有 $n$ 个顾客同时等待一项服务。顾客 $i$ 需要的服务时间为 $t_i$（$1 \leqslant i \leqslant n$）。应该如何安排 $n$ 个顾客的服务次序才能使总的等待时间达到最小？总的等待时间是各顾客等待服务的时间的总和。

6．多处最优服务次序问题。

设有 $n$ 个顾客同时等待一项服务。顾客 $i$ 需要的服务时间为 $t_i$（$1 \leqslant i \leqslant n$）。共有 $s$ 处可用窗口提供此项服务，应该如何安排 $n$ 个顾客的服务次序才能使平均等待时间达到最小？平均等待时间是 $n$ 个顾客等待服务的时间的总和除以 $n$。

7．分糖果问题。

有 $m$ 个糖果和 $n$ 个孩子，现在要把糖果分给这些孩子吃，但是糖果少、孩子多（$m<n$），所以糖果只能分配给一部分孩子。每个糖果的大小不等，这 $m$ 个糖果的大小分别是 $s_1, s_2, s_3, \cdots, s_m$。除此之外，每个孩子对糖果大小的需求也是不一样的，只有糖果的大小大于等于孩子对糖果大小的需求的时候，孩子才能得到糖果。假设这 $n$ 个孩子对糖果大小的需求分别是 $g_1, g_2, g_3, \cdots, g_n$。如何分配糖果，使得尽可能满足孩子？

8．删数问题。

已知一个字符串表示非负整数 num，将 num 中的 $k$ 个数字移除，求移除 $k$ 个数字后，可以获得的最小的可能的新数字（num 不会以 0 开头，num 长度小于 10002）。

例如：输入 num＝"1432219"，$k=3$。

在去掉 3 个数字后得到的很多可能，如 1432，4322，2219，1219，…；去掉数字 4、3、2，得到的 1219 最小。

9．多元哈夫曼编码。

在一个操场的四周摆放着 $n$ 堆石子，现要将石子有次序地合并成一堆。规定每次至少选 2 堆，至多选 $k$ 堆石子合并成新的一堆，合并的费用为新的一堆石子数。计算出将 $n$ 堆石子合并成一堆的最大总费用和最小总费用。

10．最优分解问题。

设 $n$ 是一个正整数，现在要求将 $n$ 分解为若干互不相同的自然数的和，且使这些自然数的乘积最大，设计一个算法求解该问题。

如 $10 = 3+7 = 4+6 = 2+3+5 = ...$，最大乘积为 $2×3×5 = 30$。

11．设有 $n$ 个正整数，将它们连接成一排，组成一个最大的多位整数，设计一个算法求解该最大整数。

例如：$n=3$ 时，3 个整数 13、312、343，连接成的最大整数为 34331213。

又如：$n=4$ 时，4 个整数 7、13、4、246，连接成的最大整数为 7424613。

12．非单位时间任务安排问题。

具有截止时间和误时惩罚的任务安排问题可描述如下：

（1）给定 $n$ 个任务的集合 $S=\{1,2,...,n\}$。

（2）完成任务 $i$ 需要 $t_i$ 时间，$1 \leq i \leq n$。

（3）任务 $i$ 的截止时间 $d_i$，$1 \leq i \leq n$，即要求任务 $i$ 在时间 $d_i$ 之前结束。

（4）任务 $i$ 的误时惩罚 $w_i$，$1 \leq i \leq n$，即任务 $i$ 未在时间 $d_i$ 之前结束将招致 $w_i$ 的惩罚；若按时完成则无惩罚。

确定 $S$ 的一个最优时间表，使得总误时惩罚达到最小。

**思考题**

1．将最优装载问题的贪心算法推广到 2 艘船的情形，贪心算法仍能产生最优解吗？

2．字符 a~h 出现的频率恰好是前 8 个斐波那契数，它们的哈夫曼编码是什么？将结果推广到 $n$ 个字符的频率分布恰好是前 $n$ 个斐波那契数的情形。

# 第6章 回 溯 法

**本章学习重点:**

- 问题的解空间。
- 回溯法的基本思想、实现。
- 递归回溯实现、迭代回溯实现、空间复杂度。
- 两类典型的空间树:子集树、排列树。用回溯法搜索子集树的一般算法、用回溯法搜索排列树的一般算法。
- 通过应用范例学习回溯法设计策略:装载问题、n皇后问题、0-1背包问题、高逐位整除数、图的m可着色优化问题。

## 6.1 回溯法引言

先来看一个问题:从杭州走到罗马,如果完全不认识路,会怎样走?

理论上,寻找问题的解的一种可靠方法是首先列出所有候选解,然后依次检查每一个候选解,在检查完所有或部分候选解后,即可找到所需要的解,也就是说这类问题可以采用穷举法来进行求解。当候选解数量有限,并且通过检查所有或部分候选解后,能得到所需求解的答案时,上述方法是可行的。但实际情况下,我们所碰到的问题,其候选解的数量非常大,一般是指数级的,有些问题还是阶乘级的,即便采用最快的计算机也只能解决规模很小的问题。

回溯法和分支限界法是比较常用的对候选解进行系统检查的两种方法,无论是比较复杂的情形还是一般情形,按照这两种方法对候选解进行搜索时,可以避免对很大的候选解集合进行检查,同时能够保证算法运行结束时可以找到所需要的解,因此这两种方法通常会使问题的求解时间大大减少。回溯法和分支限界法采用不同的方式进行搜索,以深度优先的方式系统地搜索问题的解的算法称为回溯法;以广度优先的方式系统地搜索问题的解的算法称为分支限界法。本章介绍回溯法,下一章介绍分支限界法。

那么什么是回溯?如何用回溯法进行求解?回溯法实际上是一种类似穷举的搜索尝试过程,它是一种择优搜索法,按照给定的择优条件进行搜索,以便搜索到问题的解,但当探索到某一步时,发现原先选择并不优或达不到目标,就退回一步重新选择,这种走不通就退回再走的方法称为回溯,而满足回溯条件的某个状态的点称为"回溯点"。

回溯法适用于什么场合?对于许多问题,当需要找出它的解的集合或者要求回答什么解是满足某些约束条件的最佳解时,往往要使用回溯法。这种方法适用于解一些复杂的、规模较大的问题,具有"通用解题法"之称。

# 6.2　回溯法的基本思想

### 6.2.1　问题的解空间

下面给出回溯法中常用的几个定义。

问题的解向量：回溯法希望一个问题的解能够表示成一个 $n$ 元组$(x_1, x_2, ..., x_n)$的形式，我们将这个 $n$ 元组称为问题的解向量。

显式约束：对解向量中每一个分量 $x_i$，可以限定其取值，就称为显式约束。

隐式约束：为求出满足问题的解，对不同分量之间的取值施加的约束，称为隐式约束。

问题的解空间：对于给定问题的一个实例，解向量满足显式约束条件的所有多元组，就构成了该实例的一个解空间。在一般情况下，问题的解是问题解空间中的一个子集，解空间中满足所有约束条件的解称为可行解；解空间中使所求解的目标函数取最大或最小值的可行解称为最优解。

解空间树：可以将回溯法的搜索空间看做树形结构，也称为解空间树或状态空间，树中的每一个结点确定所求解问题的一个问题状态，一个解对应于树中的一片树叶。算法从树根（最初状态）出发，尝试所有可达的结点。当不能前行时，就后退一步或若干步，再从另一个结点继续搜索，直到所有结点都试探过。

下面我们来看几个例子。

**例 1：0-1 背包问题。**

0-1 背包问题中，物品个数 $n=3$，背包容量 $C=20$，每个物品的价值$(v_1, v_2, v_3)=(20,15,25)$，每个物品的重量$(w_1,w_2,w_3)=(10,5,15)$，求使装入背包的物品价值最大的解 $X=(x_1,x_2,x_3)$。该 0-1 背包问题的解空间树如图 6.1 所示。

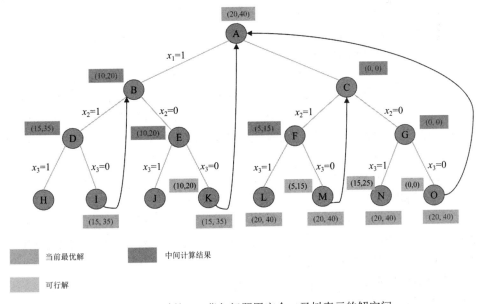

图 6.1　$n=3$ 时的 0-1 背包问题用完全二叉树表示的解空间

**例2：四皇后问题。**

在 4×4 方格的棋盘内，放置四个皇后。要求：任意两个皇后不在同一行、同一列、同一对角线（斜线）上，给出所有的摆法，如图 6.2 所示。

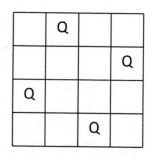

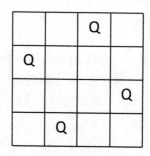

图 6.2　四皇后问题

由于每行不能有两个及以上的皇后，而棋盘共有 4 行，要放置的皇后个数也恰好是 4 个，所以在可行解中，每行正好有一个皇后。

首先，设置二元组解向量$(i,x_i)$，其中 $i$ 表示第 $i$ 行，$x_i$ 表示第 $i$ 个皇后放的位置。然后可以从第一行开始试探，依次进行到第四行，最终可以找到解。

第一行，4 个位置都可以选，可以先选第一列即(1,1)，然后到第二行选择，根据规则，可以选 3 或 4，我们先选 3 即(2,3)，然后到第三行，发现无位置可选，则退回上一步即第二行，重新选择，现在剩下的可选位置只有(2,4)，再到第三行，根据规则，可以选(3,2)，到第四行，发现无位置可选，所以退回第三行，没有其他位置可选，继续退回第二行，也没有位置可选了，那么再退回第一行，这一次选(1,2)，然后到第二行，选(2,4)，再到第三行，可选(3,1)，再到第四行，可选(4,3)，到此就找到了一个可行解((1,2),(2,4),(3,1),(4,3))，根据此种方法，再继续回溯，继续找，还会找到其他解。

图 6.3 给出了回溯法求解四皇后的回溯过程，也就是该问题的解空间树。

**例3：传教士和野人问题。**

有 3 个传教士和 3 个野人过河，只有一条能装下两个人的船，在河的任何一方或者船上。如果野人的人数大于传教士的人数，那么传教士就会有危险。要求给出安全渡河的方案，如图 6.4 所示。该问题的解空间树如图 6.5 所示。

设三元组问题解向量 $S=[c, a, b]$ 表示初始岸边传教士人数、野人人数、船只数目，则初始状态 $S=[3, 3, 1]$，目标状态 $S=[0, 0, 0]$。

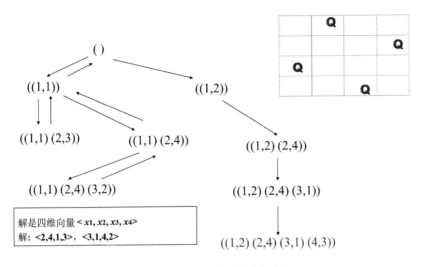

图 6.3　四皇后解空间树

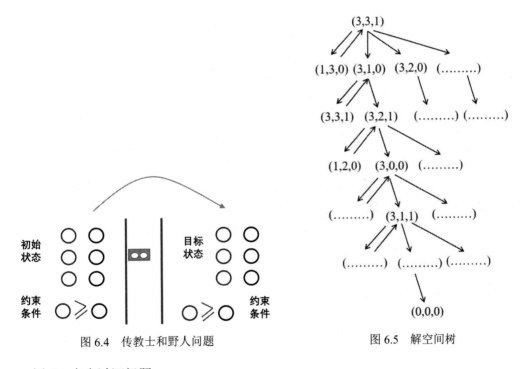

图 6.4　传教士和野人问题

图 6.5　解空间树

**例 4：** 农夫过河问题。

有一农夫带一匹狼、一只羊和一筐青菜从河的东岸乘船到西岸，但受到下列条件的限制：

（1）船太小，农夫每次只能带一样东西过河。

（2）如果没有农夫看管，则狼要吃羊，羊要吃菜。

设计过河方案，使得农夫、狼、羊都能不受损失地过河，如图 6.6 所示。

设四元组 $S=(f, w, s, v)$ 表示问题状态，$f$ 代表农夫，$w$ 代表狼，$s$ 代表羊，$v$ 代表青菜，他们都可以取 0 或 1，取 1 表示在东岸，取 0 表示在西岸。求解过程类似传教士和野人过河问题。

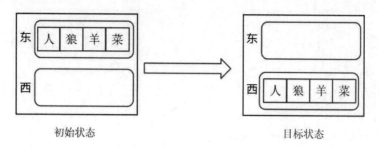

图 6.6　农夫过河问题

**例 5**：搜索引擎中的网络爬虫。

搜索引擎是指根据一定的策略，运用特定的计算机程序从互联网上搜集信息，对信息进行组织和处理后，为用户提供检索服务，将用户检索相关的信息展示给用户的系统。搜索引擎由三部分组成：下载、索引、查询。

网络爬虫自动下载互联网中的所有网页。其原理是图的遍历，即从图中某一顶点出发遍历图中所有的顶点，且使每个顶点仅被访问一次。

### 6.2.2　基本思想

回溯法通过对问题的分析，找出一个解决问题的线索，然后沿着这个线索往前试探，若试探成功，就得到解，若试探失败，就逐步往回退，换别的路线再往前试探。实际上是广度与深度搜索结合的搜索，深度搜索过程中碰到条件不满足，则退回上一层，在每一层上也进行全面的搜索。

通过上述描述，我们可以知道回溯法的基本思想：在一棵含有问题全部可能解的状态空间树上进行深度优先搜索，从根结点出发搜索解空间树，解为叶子结点。

那么回溯法的解空间树是在搜索之前就构造好的吗？在回溯法中，并不是先构造出整棵状态空间树，再进行搜索，而是在搜索过程中逐步构造出状态空间树，即边搜索、边构造。算法搜索至解空间树的任一结点时，总是先判断该结点是否肯定不包含问题的解。如果肯定不包含，则跳过对以该结点为根的子树的系统搜索，逐层向其祖先结点回溯。否则，进入该子树，继续按深度优先的策略进行搜索。

回溯法在用来求问题的所有解时，要回溯到根，且根结点的所有子树都已被搜索过才结束；回溯法在用来求问题的任一解时，只要搜索到问题的一个解就可以结束。

通过描述，我们发现回溯法和穷举法非常类似，都是遍历可行解找最优解。那么回溯法与穷举法是一样的吗？

回溯法与穷举法的相同点：回溯法实际上是一个类似穷尽的搜索尝试过程，主要是在搜索尝试过程中寻找问题的解，当发现已不满足求解条件时，就"回溯"返回，尝试别的路径。可以把回溯法看成是穷举法的一个改进。

回溯法与穷举法的不同点：每次只构造候选解的一个部分，然后使用评估策略，评估这个构造的部分候选解是否能够求得可行解，如果加上剩余的分量也不可能求得一个解，就绝对不会生成剩下的分量，也就是不再构造该结点下面的分支。

### 6.2.3　构造解空间的过程

1. 生成问题状态的基本方法

下面给出生成问题状态的基本方法中的几个定义。

一个正在产生孩子的结点称为扩展结点；一个自身已生成但其孩子还没有全部生成的结点称为活结点；一个所有孩子已经产生的结点称为死结点，如图 6.7 所示。那么对深度优先和宽度优先这两种不同的搜索策略，问题状态生成的过程是什么样的？

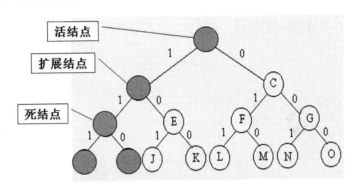

图 6.7　问题状态

深度优先的问题状态生成基本方法描述如下：如果对一个扩展结点 $R$，一旦产生了它的一个孩子 $C$，就把 $C$ 当做新的扩展结点。在完成对子树 $C$（以 $C$ 为根的子树）的穷尽搜索之后，将 $R$ 重新变成扩展结点，继续生成 $R$ 的下一个孩子（如果存在）。

宽度优先的问题状态生成基本方法描述如下：在一个扩展结点变成死结点之前，它一直是扩展结点，也就是说它需要生成所有孩子结点后，再回溯到最近的活结点。

2. 回溯法构造解空间过程

（1）从开始结点（根结点）出发，它成为第一个活结点，也成为当前扩展结点。

（2）在当前扩展结点处，搜索向纵深方向移至一个新结点。这个结点就成为一个新的活结点，并成为当前扩展结点。

（3）如果在当前扩展结点处不能再向纵深方向移动，则当前扩展结点就成为死结点，此时应往回移动（回溯）至最近的一个活结点处，并使这个活结点成为当前的扩展结点，用这种方式递归地在解空间中搜索，直至找到所要求的解或解空间中已无活结点为止。

为了避免生成那些不可能产生最佳解的问题状态，要不断地利用限界函数（bounding function）来处死那些实际上不可能产生可行解的活结点，以减少问题的计算量。因此，回溯法也称具有限界函数的深度优先生成法。

解空间树的根结点位于第 1 层，表示搜索的初始状态，第 2 层的结点表示对解向量的第一个分量做出选择后到达的状态，以此类推。

例 1：0-1 背包问题。

0-1 背包问题中，物品个数 $n=3$，背包容量 $C=20$，每个物品的价值 $(v_1, v_2, v_3)=(20,15,25)$，每个物品的重量 $(w_1,w_2,w_3)=(10,5,15)$，求使装入背包的物品价值最大的解 $X=(x_1, x_2, x_3)$。该 0-1

背包问题的解空间树如图 6.1 所示，构造该问题的解空间树的部分过程如图 6.8 所示。

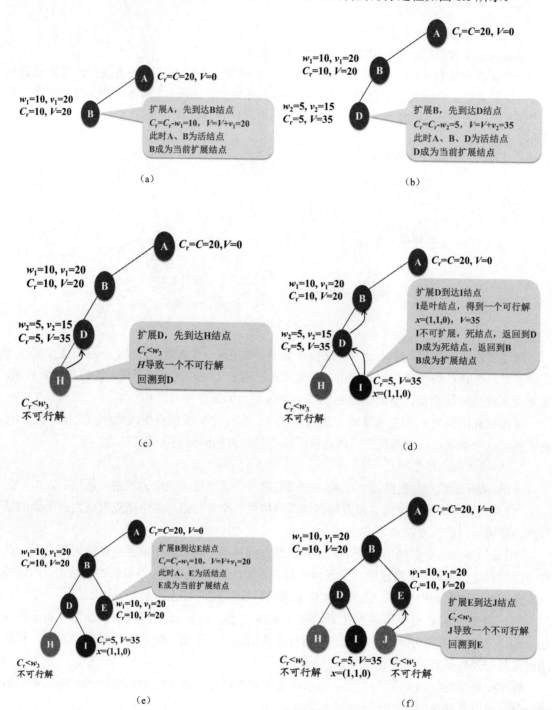

图 6.8（一） 0-1 背包问题解空间树的部分构造过程

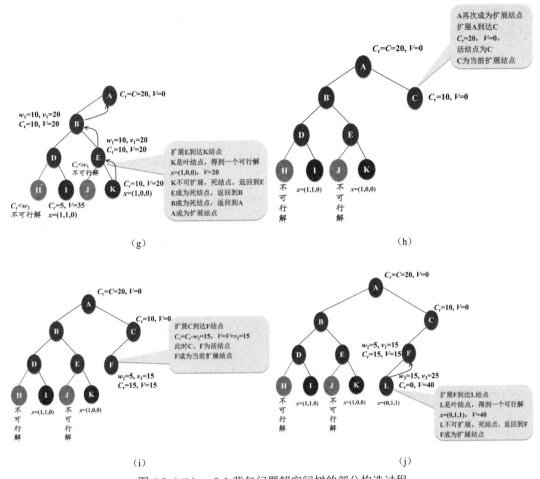

图 6.8（二）　0-1 背包问题解空间树的部分构造过程

结点 A 为初始状态，背包剩余容量 $C_r=20$，包内总价值 $V=0$，先试着将第 1 个物品放入背包，即扩展 A，先到达 B 结点，此时 $C_r=C_r-w_1=10≥0$，$V=V+v_1=20$，则可以放入第 1 个物品，即 $x_1=1$，此时 A、B 为活结点，B 成为当前扩展结点，如图 6.8（a）所示；扩展 B，先到达 D，此时 $C_r=C_r-w_2=5≥0$，$V=35$，则可以放入第 2 个物品，即 $x_2=1$，此时 A、B、D 为活结点，D 成为当前扩展结点，如图 6.8（b）所示；扩展 D，先到达 H，此时 $C_r=C_r-w_3=-15<0$，判断 $w_3>C_r$，则 H 导致一个不可行解，回溯到 D，如图 6.8（c）所示；再扩展 D 到达 I，第 3 个物品不放入，I 可行，此时 I 是叶结点，得到一个可行解 $x=(1,1,0)$，$V=35$，I 不可扩展成为死结点，返回到 D，D 不可扩展成为死结点，返回到 B，B 成为扩展结点，如图 6.8（d）所示；扩展 B 到达 E 结点，此时 $C_r=C_r-w_1=10≥0$，$V=V+v_1=20$，第 2 个物品不放入，此时 A、E 为活结点，E 成为当前扩展结点，如图 6.8（e）所示；扩展 E，先到达 J，此时 $C_r=C_r-w_3=-5<0$，判断 $w_3>C_r$，则 J 导致一个不可行解，回溯到 E，如图 6.8（f）所示；再扩展 E 到达 K 结点，K 是叶结点，得到一个可行解 $x=(1,0,0)$，$V=20$，K 不可扩展成为死结点，返回到 E，E 不可扩展成为死结点，返回到 B，B 不可扩展成为死结点，返回到 A，A 成为扩展结点，如图 6.8（g）所示；A 再次成为扩展结点，扩展 A 到达 C，第 1 个物品不放入，此时 $C_r=20$，$V=0$，活结点为 C，C 为当前扩展结点，如图 6.8（h）所示；扩展 C，先到达 F，此时 $C_r=C_r-w_2=15≥0$，$V=V+v_2=15$，则可以放入第 2 个物品，即 $x_2=1$，此时 C、F 为活结点，F 成为当前扩展结点，如图 6.8（i）所示；扩展 F 到达 L 结点，此时 $C_r=C_r-w_3=0 \geqslant 0$，$V=V+v_3=40$，则可以放入第 3 个物品，即 $x_3=1$，L 是叶结点，得到一个可行解 $x=(0,1,1)$，$V=40$，L 不可扩展成为死结点，返回到 F，F 成为扩展结点，如图 6.8（j）所示；依此类推，继续上述过程。

根据上面过程分析，可以得知最优解 $X=(0,1,1)$，最优值 40。

**例 2：货郎担问题。**

问题描述：某售货员要到 $n$ 个城市去推销商品，已知各城市之间的路程，要选定一条从驻地出发，经过每个城市一遍，最后回到驻地的路线，使总的路程最短。该问题是一个 NP 完全问题，有 $(n-1)!$ 条可选路线。

如图 6.9 所示，用回溯法找最短路径时，从解空间树的根结点 A 出发，搜索至 BCFL，在叶结点 L 处记录找到的路线 1→2→3→4→1，该路线的费用为 29。从叶结点 L 返回最近活结点 F 处。由于 F 处已没有可扩展结点，再返回到结点 C 处。结点 C 成为新扩展结点，扩展到 G 后又到 M，得到第二条路线 1→2→4→3→1，其费用为 23。这个费用比已有路线的费用更小。根据回溯算法，依次返回上一层，从结点 B 扩展，继续搜索整个解空间。该问题的解集为(1,2,3,4,1)、(1,2,4,3,1)、(1,3,2,4,1)……最终得到最小费用路线 1→2→4→3→1 和 1→3→4→2→1，费用为 23。

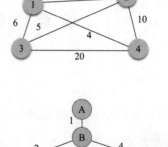

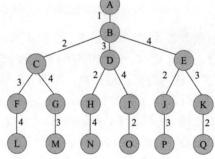

图 6.9　货郎担问题解空间树

**3. 应用回溯法求解问题的步骤**

通过上面例子的分析，我们可以得到应用回溯法求解问题的步骤：

（1）针对所给问题，定义问题的解空间。

（2）确定易于搜索的解空间结构。

（3）以深度优先的方式搜索解空间，并且在搜索过程中用剪枝函数避免无效搜索。

在搜索过程中，常用的剪枝策略包括以下两种：约束函数和限界函数。我们一般用约束函数在扩展结点处剪去不满足约束的子树；用限界函数剪去得不到最优解的子树。

# 6.3 回溯法框架

一般情况下，设问题的解向量为$(x_1, x_2, …, x_n)$，$x_i$ 满足某种约束条件的约束函数为 Constraint(t)，限界函数为 Bound(t)。回溯法一般采用递归回溯和迭代回溯两种框架进行求解。下面分别给出两种框架的描述。

## 6.3.1 递归回溯

递归算法中的形参具有自动回溯的功能，且回溯法对解空间作深度优先搜索，因此，在一般情况下采用递归方法实现回溯法。

下面给出递归回溯算法的框架：

```
template<class Type>
void backtrack (int t)      //t：递归深度
{   if (t>n)   output(x);   //当搜索到叶结点，输出可行解
    else
        for (int i=f(n,t);i<=g(n,t);i++) //从下界到上界
        {   x[t]=h(i);
            //满足约束条件和限界函数
            if (Constraint(t) && Bound(t)
                backtrack(t+1);
        }
}
```

在上述算法中：

t 表示递归深度，即当前扩展结点在解空间树中的深度。

n 用来控制递归深度，即解空间树的高度。当 t>n 时，表示算法已搜索到一个叶结点。

output(x)对得到的可行解 x 进行记录或输出处理。

f(n,t)和 g(n,t)分别表示在当前扩展结点处搜索过的子树的起始编号和终止编号。

h(i)表示在当前扩展结点处 x[t]的第 i 个可选值。

if 语句中 Constraint(t)和 Bound(t)表示当前扩展结点处的约束函数和限界函数。

Constraint(t)约束函数返回值为 true 时，表示在当前扩展结点处 x 的取值满足问题的约束条件，可以继续由 backtrack(t+1)对其相应的子树作进一步搜索；返回值为 false 时，表示不满足问题的约束条件，可剪去相应的子树。

Bound(t)限界函数返回的值为 true 时，表示在当前扩展结点处 x 的取值使目标函数没有越界，可以继续由 backtrack(t+1)对其相应的子树做进一步搜索；返回值为 false 时，表示当前扩展结点处的取值使目标函数越界，可剪去相应的子树。

递归出口：backtrack(t)执行完毕，返回 t−1 层继续执行，对还没有测试过的 x[t−1]的值继续搜索。当 t=1 时，若已经测试完 x[1]的所有可选值，外层调用就全部结束。

既然回溯法一般采用递归来实现，那么回溯法是不是就等同于递归？

其实递归和回溯是有区别的。举个例子简单来说，递归法好比是一支军队要通过一个迷宫，到了第一个分岔口，有 3 条路，将军命令 3 个小队分别去探哪条路能到出口，3 个小队沿

着 3 条路分别前进，各自到达了路上的下一个分岔口，于是小队长再分派人手各自去探路——只要人手足够（对照而言，就是计算机的堆栈足够），最后必将有人找到出口，只要从这人开始层层上报直属领导，最后，将军将得到一条通路。

回溯法则是一个人走迷宫的思维模拟，只寄希望于自己的记忆力。回溯实际上是递归的展开。

### 6.3.2　迭代回溯

如果我们不采用递归实现回溯，而采用树的非递归深度优先遍历算法，可将回溯法表示为一个非递归迭代过程。

下面给出非递归回溯算法的框架：

```cpp
template<class Type>
void iterativeBacktrack( )
{   int t=1;
    while (t>0)
    {   if (f(n,t)<=g(n,t))
            for(int i=f(n,t);i<=g(n,t);i++)
        {   x[t] = h(i);
            if( constraint(t)&&bound(t))
                {   if (solution(t)) output(x); //输出最优解
                    else t++; //搜索下一层结点
                }
            }
        else t--;//回溯到上一结点
    }
}
```

在上述算法中：

Constraint(t)约束函数和 Bound(t)限界函数都是剪枝的条件，其中 Constraint(t)约束函数用来剪去不可行解，Bound(t)限界函数用来剪去不可能得到最优解的部分。

Solution(t)用于判断在当前扩展结点处是否已得到问题的可行解。当它返回值为 true 时，当前扩展结点处 x 是问题的可行解。此时，由 Output(x)记录或输出得到的可行解。当它的返回值为 false 时，当前扩展结点处 x 只是问题的部分解，还需向纵深方向继续搜索。

f(n,t)和 g(n,t)分别表示在当前扩展结点处未搜索过的子树的起始编号和终止编号。h(i)表示在当前扩展结点处 x 的第 i 个可选值。

回溯法求解问题过程中，动态产生问题的解空间，任何时刻，算法只保存从根结点到当前扩展结点的路径。如果解空间树中从根结点到当前扩展结点的路径长度为 $d(n)$，则回溯法所需要的计算空间为 $O(d(n))$，而存储整个解空间则需要 $O(2^{d(n)})$或 $O(d(n)!)$。那么回溯法的时间复杂度又如何？我们需要分两种情况来看：子集树和排列树。

### 6.3.3　子集树

当所给的问题是从 $n$ 个元素的集合 $S$ 中找出满足某种性质的子集时，该问题对应的解空间树为子集树。例如 0-1 背包问题所相应的解空间树就是一棵子集树，如图 6.10 所示，子集

树通常有 $2^n$ 个叶结点，其结点个数为 $2^{n+1}-1$，遍历子集树时间复杂度为 $O(2^n)$。

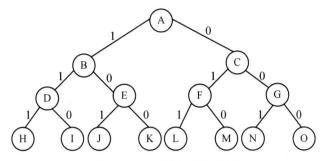

图 6.10 0-1 背包问题子集树

求解子集树的算法描述如下：

```cpp
template<class Type>
void backtrack (int t)
{   if (t>n)   output(x);
    else
        for (int i=0;i<=1;i++)
        {   x[t]=i;
            if (legal(t))
                backtrack(t+1);
        }
}
```

### 6.3.4 排列树

当所给的问题是确定 $n$ 个元素满足某种性质的排列时，相应的解空间树称为排列树，通常有 $n!$ 个叶结点，4 个城市的货郎担问题从城市结点 1 出发的排列树如图 6.11 所示。遍历排列树时间复杂度为 $O(n!)$。

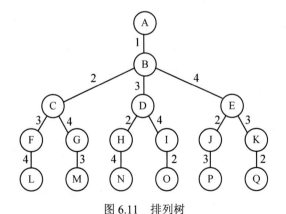

图 6.11 排列树

求解排列树的算法描述如下：

```cpp
template<class Type>
void backtrack (int t)
{   if (t>n)   output(x);
```

```
    else
      for (int i=t;i<=n;i++)
      {   swap(x[t],x[i]);              //把已经遍历过的第 i 个城市编号保存在 x[t]中
          if (legal(t))
             backtrack(t+1);
          swap(x[t],x[i]);
      }
}
```

# 6.4　装载问题

有 $n$ 个集装箱要装上 2 艘载重量分别为 $c_1$ 和 $c_2$ 的轮船,其中集装箱 $i$ 的重量为 $w_i$,且

$$\sum_{i=1}^{n} w_i \leqslant c_1 + c_2$$

装载问题要求确定是否存在一个合理的装载方案,可将这 $n$ 个集装箱装上这 2 艘轮船。如果存在,给出该装载方案。

1. 算法设计

装载问题采用下面的策略可得到最优装载方案:首先将第一艘轮船尽可能装满,然后将剩余的集装箱装上第二艘轮船。

将第一艘轮船尽可能装满等价于选取全体集装箱的一个子集,使该子集中集装箱的重量之和与第一艘轮船的载重量最接近。由此可知,装载问题等价于以下特殊的 0-1 背包问题。

$$\max \sum_{i=1}^{n} w_i x_i$$

$$\text{s.t.} \sum_{i=1}^{n} w_i x_i \leqslant c_1$$

$$x_i \in \{0,1\},\ 1 \leqslant i \leqslant n$$

该问题可以用动态规划算法进行求解,也可以用回溯法求解。用回溯法设计装载问题的时间复杂度为 $O(2^n)$,在某些情况下该算法优于动态规划算法。

先考虑装载一艘轮船的情况,每个集装箱的装载情况共分为两种:要么装(取值为 1),要么不装(取值为 0),因此很明显其解空间树可以用子集树来表示。如果是多艘轮船的装载问题:同样选择回溯法的子集树解决,只是每个集装箱的选择范围不再仅仅是装载或不装载,而变为不装载或是装载到某个编号的轮船上等多种考虑范围。例如:$n=3$,$c_1=c_2=50$,$w=[10,40,40]$,所以对于 3 个集装箱中的任何一个都有 3 种选择,不装、装载到 1 号轮船和装载到 2 号轮船。

在求解该问题的子集树中,可行性约束函数(选择当前元素)为

$$\sum_{i=1}^{n} w_i x_i \leqslant c_1$$

也就是说,使用可行性约束函数剪去不满足该条件的子树。

在子集树的第 $j+1$ 层的结点 z 处,用 cw 记当前的装载重量,即 cw=$(w_1x_1+w_2x_2+...+w_jx_j)$,

当 $cw>c_1$ 时，以结点 z 为根的子树中所有结点都不满足约束条件，因而该子树中的解均为不可行解，故可将该子树剪去。也就是说该约束函数可去除不可行解，得到所有可行解。

在给出求解装载问题的算法描述之前，先给出一些说明：

（1）在算法 maxLoading 中，返回不超过 c 的最大子集和。

（2）在算法 maxLoading 中，调用递归函数 backtrack(1)实现回溯搜索。backtrack(i)搜索子集树中的第 i 层子树。

（3）在算法 backtrack 中，当 $i>n$ 时，算法搜索到叶结点，其相应的载重量为 cw，如果 cw>bestw，则表示当前解优于当前的最优解，此时应该更新 bestw。

（4）当 $i \leq n$ 时，当前扩展结点 Z 是子集树中的内部结点。该结点有 $x[i]=1$ 和 $x[i]=0$ 两个孩子结点。其左孩子结点表示 $x[i]=1$ 的情形，仅当 $cw+w[i] \leq c$（该物品能够装入）时进入左子树，对左子树进行递归搜索。其右孩子结点表示 $x[i]=0$ 的情形。由于可行结点的右孩子结点总是可行的，故进入右子树时不需要检查可行性。

（5）算法 backtrack 动态地生成问题的解空间树。在每个结点处算法花费 $O(1)$时间。子集树中结点个数为 $O(2^n)$，故 backtrack 所需的时间为 $O(2^n)$。另外 backtrack 还需要额外的 $O(n)$的递归栈空间。

求解该问题的算法描述如下：

```
template <class Type>
class Loading
{   friend Type MaxLoading(Type [],Type ,int);
    private:
        void Backtrack(int i);
        int n;                  //集装箱数
        Type * w,               //集装箱重量数组
            c ,                 //第一艘轮船的载重量
            cw ,                //当前载重量
            bestw;              //当前最优载重量
};

template <class Type>
void Loading<Type>::Backtrack(int i)    //搜索第 i 层结点
{ if(i>n) //到达叶子结点
    { if(cw>bestw)
        bestw=cw;
        return;
    }
    //搜索子树
    if(cw+w[i]<=c)                       //x[i] =1；搜索左子树，对左子树进行递归搜索
    //没有保存 x[]数组的值，因此该算法只计算出最优值，而没给出装载的方法
    {   cw+=w[i];
        Backtrack(i+1);
        cw-=w[i];
    }
    Backtrack(i+1);//x[i]=0；无需判断，直接进入右子树进行递归搜索
```

```
}

template <class Type>
Type MaxLoading(Type w[],Type c,int n)          //返回最优装载量
{   Loading <Type> X;
    X.w = w;
    X.c =c;
    X.n =n;
    X.bestw =0;
    X.cw =0;
    X.Backtrack(1);                   //计算最优装载量
    return X.bestw;
}
```

2. 增加限界函数

上面的算法中，由于可行结点的右孩子结点总是可行的，故进入右子树时不需要检查可行性，直接进入右子树进行递归搜索。因此我们可以采用限界函数剪去不含最优解的子树，从而改进算法在平均情况下的运行效率。下面给出限界函数（不选择当前元素）的描述：设 $z$ 是解空间树第 $i$ 层上的当前扩展结点；cw 是当前载重量；bestw 是当前最优载重量；$r$ 是剩余集装箱的重量。定义限界函数为 cw+$r$，在以 $z$ 为根的子树中，任一叶结点所相应的载重量均不超过 cw+$r$。因此，当 cw+$r$≤bestw（当前载重量 cw+剩余集装箱的重量 $r$≤当前最优载重量 bestw）时，可将 $z$ 的右子树剪去。

另外，限界函数使算法搜索到的每个叶结点都是当前找到的最优解。因此，引入限界函数后，在达到一个叶结点时就不用再检查该叶结点是否优于当前最优解了。也就是说，以下代码段中 if(cw>bestw)判断语句可以去掉。改进后算法的时间复杂度仍为 $O(2^n)$，但改进后算法检查的结点数较少。

```
if(i>n) //到达叶子结点
{   if(cw>bestw)
    bestw=cw;
    return;
}
```

增加限界函数后求解该问题的算法描述如下：

```
template <class Type>
class Loading
{   friend Type MaxLoading(Type [],Type ,int);
    private:
        void Backtrack(int i);
        int n;                      //集装箱数
        Type * w,                   //集装箱重量数组
            c ,                     //第一艘轮船的载重量
            cw ,            //当前载重量
            bestw,          //当前最优载重量
            r;              //剩余集装箱重量
};
```

```
template <class Type>
void Loading<Type>::Backtrack(int i)    //搜索第 i 层结点
{   if(i>n)                             //到达叶子结点
    {   bestw=cw;
        return;
    }
    //搜索子树
    r -= w[i];
    if(cw+w[i]<=c)                      //x[i] =1; 搜索左子树, 对左子树进行递归搜索
    //没有保存 x[]数组的值, 因此该算法只计算出最优值, 而没给出装载的方法
    {   cw+=w[i];
        Backtrack(i+1);
        cw-=w[i];
    }
    if (cw + r > bestw)
    {   x[i] = 0;                       // x[i]=0; 搜索右子树
        backtrack(i + 1);
    }
    r += w[i];
}


template <class Type>
Type MaxLoading(Type w[],Type c,int n)    //返回最优装载量
{   Loading <Type> X;
    X.w = w;
    X.c =c;
    X.n =n;
    X.bestw =0;
    X.cw =0;
    X.r =0;
    for (int i=1;i<=n;i++)
      X.r+=w[i];
    X.Backtrack(1);                       //计算最优装载量
    return X.bestw;
}
```

该问题中用到了两个剪枝函数: 可行性约束函数剪去拥有 "不可行解" 的子树; 限界函数剪去不含最优解的子树。保证算法搜索到的每个叶结点都是迄今为止找到的最优解。

3. 获得最优装载方案

构造最优解也就是需要知道哪些集装箱被装上船了, 因此需要在算法中保存最优解的记录。增加两个成员数组 x、bestx, 分别用来记录当前的选择和最优记录, 通过记录的结果, 即可求得最优解。

改进后的算法描述如下:

```
template <class Type>
class Loading
{   friend Type MaxLoading(Type [],Type,int);
```

```cpp
        private:
        void Backtrack(int i);
        int n,                          //集装箱数
        * x,                            //当前解
        * bestx;                        //当前最优解
        int n;                          //集装箱数
        Type * w,                       //集装箱重量数组
        c ,                             //第一艘轮船的载重量
        cw ,                            //当前载重量
        bestw,                          //当前最优载重量
        r; //剩余集装箱重量
    };
    template <class Type>
    void Loading<Type>::Backtrack(int i)            //搜索第 i 层结点
    {   if(i>n)                                     //到达叶子结点
        {   if(cw>bestw)
            {   for(j=1;j<=n;j++)
                    bestx[j] = x[j];
                bestw = cw;
            }
            return;
        }
//搜索子树
        r-=w[i];//计算剩余的集装箱的重量
        if(cw+w[i] <= c)                            //x[i] =1；搜索左子树
        {   x[i] =1;
            cw += w[i];
            Backtrack(i+1);
            cw -= w[i];
        }
        if(cw+r > bestw)                            //x[i]=0；搜索右子树
        {   x[i] = 0;
            Backtrack(i+1);
        }
        r+=w[i];//如果得不到最优解，再取消当前的集装箱，表示未选，因此剩余容量要再加上当前集装箱
重量
    }
    template <class Type>
    Type MaxLoading(Type w[],Type c,int n)
    {
        Loading<Type> X;
        X.w = w;
        X.c = c;
        X.n = n;
        X.bestx = bestx;
        X.bestw = 0;
```

```
        X.cw = 0;
        X.r = 0;
        for(int i=1;i<=n;i++)//计算总共的剩余集装箱重量
            X.r += w[i];
        X.Backtrack(1);
        delete []X,x;
        return X.bestw;
    }
```

**例**：集装箱共 5 个，重量分别是 $W = <90, 80, 20, 12, 10>$，第 1 艘轮船载重量 $c_1$=112，第 2 艘轮船 $c_2$=100。部分搜索过程如图 6.12 所示。

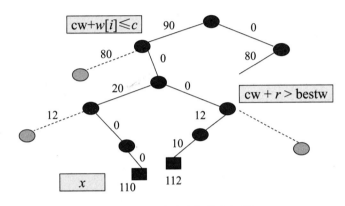

图 6.12　回溯法求解装载问题

### 4. 迭代回溯

数组 $x$ 记录了解空间树中从根到当前扩展结点的路径，回溯法需要借助这些信息进行回溯，因此，我们可以利用数组 $x$ 所含的信息，将上面的递归回溯法表示成非递归的形式，省去 $O(n)$ 递归栈空间。但此方法不能降低时间复杂度，时间复杂度仍为 $O(2^n)$。

求解装载问题的迭代回溯法描述如下：

```
template <class Type>
Type MaxLoading(Type w[],Type c,int n,int bestx[])
{  //迭代回溯法，返回最优装载量及其相应解，初始化根结点
    int i =1;
    int *x = new int[n+1];    //当前解
    Type bestw = 0,          //当前最优载重量
        cw = 0,              //当前载重量
        r = 0;              //剩余集装箱重量
    for(int j=1;j<=n;j++)
        r+=w[j];
    while(true)
    {  while(i<=n && cw+w[i]<=c) //x[i] =1;//搜索左子树
        {  r -= w[i];
            cw +=w[i];
            x[i] =1;
            i++;
        }
```

```
            if(i>n)
            {   for(int j=1;j<=n;j++)
                    bestx[j] = x[j];
                bestw = cw;
            }
            else
            {   r -= w[i];
                x[i] = 0;
                i++;
            }
            while(cw+w[i] <= bestw)   //搜索右子树
            {   i--;
                while(i>0 && !x[i])
                {   r+=w[i];
                    i--;
                }
                if(i == 0)
                {   delete[] x;
                    return bestw;
                }
                x[i] =0;
                cw -= w[i];
                i++;
            }
        }
    }
}
```

# 6.5   n 皇后问题

八皇后问题是 19 世纪著名数学家高斯于 1850 年提出的。具体描述为：在 8×8 的棋盘上摆放八个皇后，使其不能互相攻击，即任意两个皇后都不能处于同一行、同一列或同一斜线上。

为了简化 n 皇后问题的讨论，下面讨论四皇后问题。

1. 四皇后问题

四皇后问题如图 6.13 所示。它的解空间树是一个完全 4 叉树，树的根结点表示搜索的初始状态，从根结点到第 2 层结点对应皇后 1 在棋盘中第 1 行的可能摆放位置，从第 2 层结点到第 3 层结点对应皇后 2 在棋盘中第 2 行的可能摆放位置，依此类推，如图 6.14 所示。

设 4 个皇后为 $x_i$，分别在第 $i$ 行（$i=1,2,3,4$），我们可以用 $(1, x_1)$, $(2, x_2)$, $(3, x_3)$, $(4,x_4)$ 表示 4 个皇后的位置，在这种表示位置的方法中，行号是固定的，因此我们可以省略行号，简单记为：$(x_1, x_2, x_3, x_4)$。例如：$(4, 2, 1,3)$ 表示皇后 1 在棋盘第 1 行的第 4 列上，皇后 2 在棋盘第 2 行的第 2 列上，皇后 3 在棋盘第 3 行的第 1 列上，皇后 4 在棋盘第 4 行的第 3 列上。

根据描述，可知问题的解空间 $(x_1, x_2, x_3, x_4)$（其中 $1 \leq x_i \leq 4$ 且 $i=1, 2, 3, 4$），共有 4!个状态；四皇后问题的解空间树结构如图 6.14 所示。

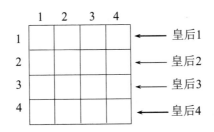

图 6.13　四皇后问题

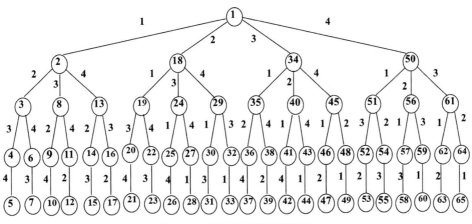

图 6.14　四皇后问题解空间树

用回溯法求解四皇后问题的搜索过程如图 6.15 所示，其中 Q 表示皇后，×表示不符合要求的位置。

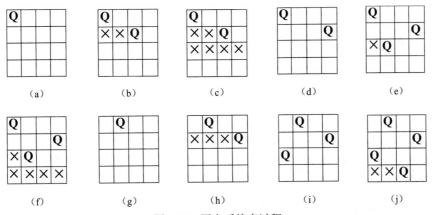

图 6.15　四皇后搜索过程

下面给出图 6.14 四皇后问题的解空间树的构造过程。开始把根结点 1 作为唯一的活结点，根结点就成为扩展结点，此时问题的解为( )；接着生成子结点，假设按自然数递增的次序来生成子结点，那么结点 2 被生成，此时问题的解为(1)，即把皇后 1 放在第 1 列上。

结点 2 变成扩展结点，它再生成结点 3，此时问题的解变为(1, 2)，即皇后 1 在第 1 列上，皇后 2 在第 2 列上，此时不满足任意两个皇后都不能处于同一行、同一列或同一斜线上的约束条件，所以结点 3 被剪枝，此时应回溯，如图 6.16 所示。

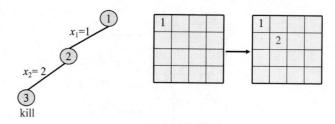

图 6.16 四皇后问题搜索过程 1

回溯到结点 2 生成结点 8，此时问题的解变为(1, 3)，则结点 8 成为扩展结点，结点 8 生成的结点 9 和结点 11 都会被剪枝（因为它的孩子生成了无法求得正确结果的棋盘格局），所以结点 8 也被剪枝，应回溯，如图 6.17 所示。

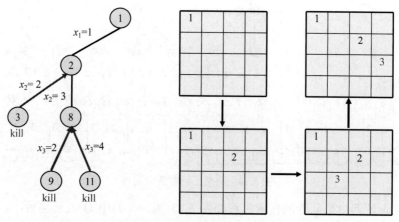

图 6.17 四皇后问题搜索过程 2

回溯到结点 2 生成结点 13，此时问题的解变为(1, 4)，结点 13 成为扩展结点，由于它的孩子生成了无法求得正确结果的棋盘格局，因此结点 13 也被剪枝，应回溯，如图 6.18 所示。

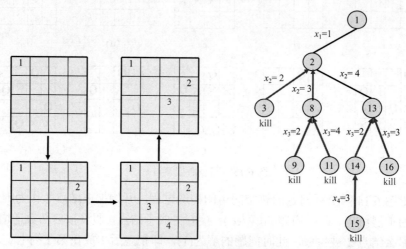

图 6.18 四皇后问题搜索过程 3

结点 2 的所有孩子表示的都是无法求得正确结果的棋盘格局，因此结点 2 也被剪枝；再回溯到结点 1 生成结点 18，此时问题的解变为(2)。结点 18 的子结点 19、结点 24 被剪枝，应回溯，如图 6.19 所示。

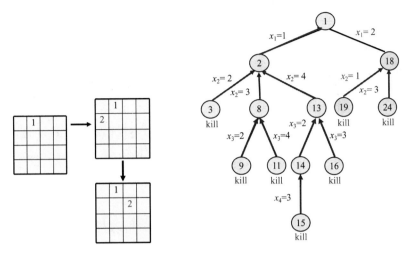

图 6.19　四皇后问题搜索过程 4

结点 18 生成结点 29，结点 29 成为 E 结点，此时问题的解变为(2,4)；结点 29 生成结点 30，此时问题的解变为(2,4,1)；结点 30 生成结点 31，此时问题的解变为(2,4,1,3)，找到一个四皇后问题的可行解，如图 6.20 所示。

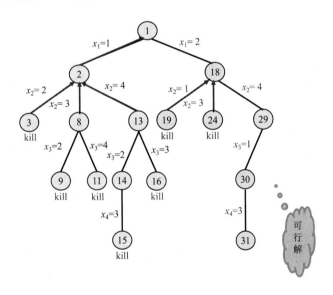

图 6.20　四皇后问题搜索过程 5

根据上述描述，$n=4$ 的 n 皇后问题的搜索、剪枝与回溯如图 6.21 所示。

**2. n 皇后问题**

可以把四皇后和八皇后问题扩展到 n 皇后问题，即在 $n×n$ 的棋盘上摆放 n 个皇后，使任意两个皇后都不能处于同一行、同一列或同一斜线上。

显然，棋盘的每一行上可以而且必须摆放一个皇后，所以，n 皇后问题的可能解用一个 n 元向量 $X=(x_1, x_2, …, x_n)$表示，其中，$1 \leqslant i \leqslant n$ 并且 $1 \leqslant x_i \leqslant n$，即第 i 个皇后放在第 i 行第 $x_i$ 列上。

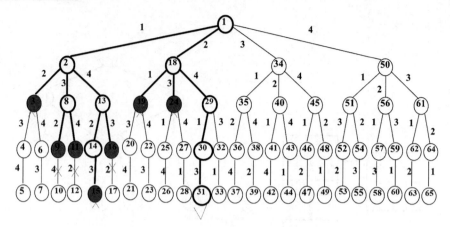

图 6.21　四皇后问题的剪枝与回溯

由于两个皇后不能位于同一列上，所以，解向量 $X$ 必须满足约束条件：

$$x_i \neq x_j$$

若两个皇后摆放的位置分别是 $(i, x_i)$ 和 $(j, x_j)$，在棋盘上斜率为-1 的斜线上，满足条件 $i-j = x_i-x_j$，在棋盘上斜率为 1 的斜线上，满足条件 $i+j = x_i+x_j$，综合两种情况，由于两个皇后不能位于同一斜线上，所以，解向量 $X$ 还必须满足另外一个约束条件：

$$|i-x_i| \neq |j-x_j|$$

用回溯法解 $n$ 皇后问题时，用完全 $n$ 叉树表示解空间。在下面解 $n$ 皇后问题的回溯算法里，可行性约束 Place 用来剪去不满足行、列和斜线约束的子树。递归函数 Backtrack(1)实现对整个解空间的回溯搜索。Backtrack(i)搜索解空间中第 $i$ 层子树。类 Queen 的数据成员记录解空间中结点信息，以减少传给 Backtrack 的参数。sum 记录当前已找到的可行方案数。

在 Backtrack(i)函数中，当 $i>n$ 时，算法搜索至叶结点，得到一个新的 $n$ 皇后互不攻击的放置方案，当前已找到方案数 sum 增 1；$i \leqslant n$ 时，当前扩展结点 z 的每一个孩子结点，由 Place 检查其可行性，并以深度优先的方式递归地对可行子树搜索，或减去不可行的子树。

$n$ 皇后问题代码：

```
template <class Type>
class Queen
{   friend int nQueen(int);
    private:
        bool Place(int k);
        void Backtrack(int t);
        int n,          //皇后个数
          * x;          //当前解空间
        long sum;       //当前已找到的可行方案数
  };

bool Queen::Place(int k)      //位置检查，满足约束则返回 true，否则返回 false
{   for(int j=1;j<k;j++)              //检查 k 个皇后不同列和不同斜线的约束语句
        if((abs(k-j)==abs(x[j]-x[k]))||(x[j]==x[k]))
            return false;
        return true;
}
```

```
void Queen::Backtrack(int t)
{  if(t>n)
     sum++;        //搜索至叶结点，即讨论完最后一个皇后的位置，得到一个新的不受攻击放置方案，可
行方案数加 1
     else
        for(int i=1;i<=n;i++)
          {  x[t] = i;                  //确定第 i 个皇后的列位置
             if(Place(t))               //检查放置位置是否满足约束条件
                  Backtrack(t+1);       //深度优先搜索可行子树
          }
}

int nQueen(int n)
{  Queen X;        //定义并初始化 X 的信息
   X.n = n;
   X.sum = 0;
   int *p = new int [n+1];
   for(int i=0;i<=n;i++)
     p[i] = 0;
   X.x = p;
   X.Backtrack(1);
   delete [] p;
   return X.sum;
}
```

表 6.1 给出了不同的皇后问题解的个数。

表 6.1　n 皇后解的个数

| 皇后个数 | 问题的解 |
| --- | --- |
| $n=1$ | $X=(1)$ |
| $n=2$ | 无解 |
| $n=3$ | 无解 |
| $n=4$ | $X_1=(2, 4, 1, 3)$；$X_2=(3, 1, 4, 2)$ |
| $n=5$ | $X_1=(1, 3, 5, 2, 4)$；$X_2=(1, 4, 2, 5, 3)$；$X_3=(2, 4, 1, 3, 5)$；$X_4=(2, 5, 3, 1, 4)$；$X_5=(3, 1, 4, 2, 5)$；$X_6=(3, 5, 2, 4, 1)$；$X_7=(4, 1, 3, 5, 2)$；$X_8=(4, 2, 5, 3, 1)$；$X_9=(5, 2, 4, 1, 3)$；$X_{10}=(5, 3, 1, 4, 2)$ |
| $n=6$ | $X_1=(2, 4, 6, 1, 3, 5)$；$X_2=(3, 6, 2, 5, 1, 4)$；$X_3=(4, 1, 5, 2, 6, 3)$；$X_4=(5, 3, 1, 6, 4, 2)$ |
| $n=7$ | 40 个解 |
| $n=8$ | 92 个解 |
| $n=9$ | 352 个解 |
| $n=10$ | 724 个解 |

## 6.6　0-1 背包问题

给定 $n$ 种物品和一背包。物品 $i$ 的重量是 $w_i$，其价值为 $v_i$，背包的容量为 $C$。问如何选择

装入背包的物品，使得装入背包中物品的总价值最大？所谓 0-1 背包问题是指在物品不能分割，只能整件装入背包或不装入的情况下，求一种最佳装载方案使得总收益最大。0-1 背包问题是一个特殊的整数规划问题。

$$\max \sum_{i=1}^{n} v_i x_i$$

$$\begin{cases} \sum_{i=1}^{n} w_i x_i \leqslant C \\ x_i \in \{0,1\}, 1 \leqslant i \leqslant n \end{cases}$$

在这个表达式中，需求出 $x_i$ 的值。$x_i=1$ 表示物品 $i$ 装入背包中，$x_i=0$ 表示物品 $i$ 不装入背包。我们在第 3 章已经用动态规划算法对其求解了，本节主要介绍用回溯法求解该问题的过程。

1. 问题解空间

当所给的问题是从 $n$ 个元素的集合 $S$ 中找出满足某种性质的子集时，该问题对应的解空间树为子集树。因此 0-1 背包问题的解空间是子集树，如图 6.22 所示。那么用回溯法如何求解 0-1 背包问题？与动态规划算法求解不同，应用回溯法求解 0-1 背包问题的基本思想是：按贪心法的思路，优先装入价值/重量比大的物品。当剩余容量装不下最后考虑的物品时，再用回溯法修改先前的装入方案，直到得到全局最优解为止。

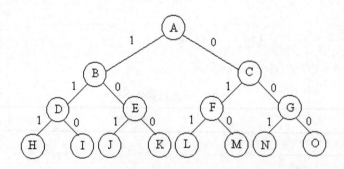

图 6.22　0-1 背包子集树

2. 算法描述

回溯法求解 0-1 背包问题的代码描述如下：

```
template <class Type>
class Knap
{   friend int Knapsack(int *,int *,int ,int );
    public :
        int Bound(int i);
        void Backtrack(int i);
        int C;        //背包容量
        int N;        //物品数
        int *w;       //物品重量
        int *p;       //物品价值数组
        int cw;       //当前重量
        int cp;       //当前价值
        int bestp;    //当前最优价值
```

```
        int *x;        //当前解
        int *bestx;    //当前最优解
};

template <class Type>
void Knap::Backtrack(int i)
{   if(i>N)            //到达叶子结点
    { bestp=cp;        //保存最优解
        for (int j=1;j<=N;j++)
            bestx[j]=x[j];
        return ;
    }
    if(cw+w[i]<=C)     //搜索左子树
    { x[i]=1;
        cw+=w[i];
        cp+=p[i];
        Backtrack(i+1);
        x[i]=0;
        cw-=w[i];
        cp-=p[i];
    }
    x[t]=0;            //搜索右子树
    Backtrack(i+1);
    return
}

template <class Type>
int Knapsack(int p[],int w[],int c,int n)
{   int bestp=0;
    Backtrack(1);      //从根开始搜索解空间树
}
```

3. 限界函数

下面对上述算法进行分析。Knap 算法在搜索解空间树时，用约束条件 $cw+w[i]\le C$ 确定是否搜索其左子树；而对右子树没有任何判断，直接进入右子树搜索，比较耗费时间。因此，我们可以在搜索右子树时加入一个限界函数进行剪枝：只有右子树有可能包含最优解时才进入右子树搜索，否则将右子树剪去。

限界函数可以采用以下策略构建：设 $r$ 为当前剩余容量可容纳的物品价值总和，cp 为当前获得价值，bestp 为当前最优价值，当满足 $cp+r \le bestp$（当前获得价值+当前剩余容量可容纳的物品价值≤已经求得的最优价值）时，可剪去右子树。

0-1 背包问题选择物品时要么装入背包，要么不装，因此直接计算 $r$ 比较烦琐，我们可以采用计算右子树该结点上界的方法获得限界函数。借鉴求解背包问题的贪心算法，将剩余物品依单位重量的价值排序，然后依次装入物品，直至装不下时，再装入该物品的一部分装满背包。由此得到的价值是右子树中该结点处解的上界。

举例说明：0-1 背包问题物品个数 $n$=4，背包容量 $c$=10，物品价值 $v$=[4,3,6,6]，物品重量 $w$=[4,5,3,2]。这 4 个物品的单位重量的价值分别为[1,0.6,2,3]。以物品单位重量的价值递减的顺序装入背包，先装入物品 4，然后装入物品 3 和 1。装入这 3 个物品后，剩余的背包容量为 1，只能装入 0.2 个物品 2。由此可得到一个解为 $x$=[1,0.2,1,1]，其相应的价值为 16.6。这不是 0-1 背包问题的一个可行解，但其价值是最优解的上界，该 0-1 背包问题的最优解不超过 16.6。

Bound 函数代码描述如下：

```
template <class Type>
int Knap:: Bound(int i) //计算当前结点能得到的价值上界
{   int left=C-cw;       //剩余容量
    int b=cp;   //当前价值
    //依照物品单位重量降序排序
    //以物品单位重量价值降序装入物品
    while (w[i]<=left &&i<=N)
    {    b+=p[i];
        left-=w[i];
        i++;
    }
    //装满背包
    if (i<=N)
        b+=left*p[i]/w[i];
    return b;
}
```

相应回溯法求解的代码修改如下：

```
template <class Type>
class Knap
{    friend int Knaspack(int *,int *,int ,int );
    public :
        int Bound(int i);
        void Backtrack(int i);
        int C;         //背包容量
        int N;         //物品数
        int *w;        //物品重量
        int *p;        //物品价值数组
        int cw;        //当前重量
        int cp;        //当前价值
        int bestp;     //当前最优价值
        int *x;        //当前解
        int *bestx;    //当前最优解
};

template <class Type>
void Knap::Backtrack(int i)
{    if(i>N)           //到达叶子结点
    {    bestp=cp;     //保存最优解
        for (int j=1;j<=N;j++)
        bestx[j]=x[j];
        return ;
```

```
        }
    if(cw+w[i]<=C)            //搜索左子树
    {   x[i]=1;
        cw+=w[i];
        cp+=p[i];
        Backtrack(i+1);
        x[i]=0;
        cw-=w[i];
        cp-=p[i];
    }
    if(Bound(i+1)>bestp)      //搜索右子树
        Backtrack(i+1);
    return
}


template <class Type>
class Object
{   friend int Knapsack(int *,int *,int ,int );
    public:
        int operator<=(Object a) const {return (d>=a.d);}
        int ID;    //物品编号
        float d;    //物品单位重量的价值
};


template <class Type>
int Knapsack(int p[],int w[],int c,int n)
{   //初始化
    int W=0;
    int P=0;
    Object * Q=new Object[n];
    for(int i=1; i<=N; i++)
    {   Q[i-1].ID=i;
        Q[i-1].d=1.0*p[i]/w[i];
        P+=p[i];/
        W+=w[i];/
    }
    if(W<=c)            //装入所有物品
        return P;
    Sort (Q,N)         //依照物品单位重量降序排序
    Knap K;
    K.p=new int [n+1];
    K.w=new int [n+1];
    for( i=1; i<=n; i++)
    {   K.p[i]=p[Q[i-1].ID];
        K.w[i]=w[Q[i-1].ID];
    }
```

```
        K.cp=0;
        K.cw=0;
        K.c=c;
        K.n=n;
        K.bestp=0;
        K.Backtrack(1);      //从根开始搜索解空间树
        delete[] Q;
        delete[] K.w;
        delete[] K.p;
        return K.bestp;
    }
```

当背包容量为 15，物品的重量为 $w=[1, 2, 12, 6, 5]$，价值为 $v=[3, 3, 8, 4, 8]$时，依据约束函数和限界函数进行剪枝的部分过程如图 6.23 所示。

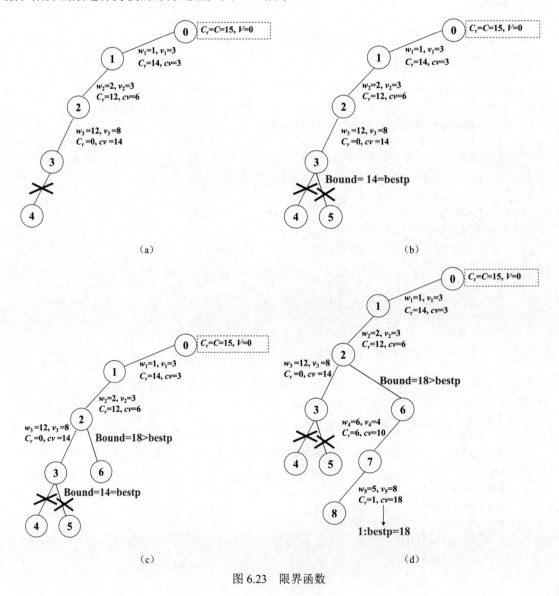

图 6.23　限界函数

### 4．算法时间复杂度分析

计算上界函数 Bound 需要 $O(n)$时间，在最坏情况下有 $O(2^n)$个右孩子结点需要计算上界函数，所以解 0-1 背包问题的回溯算法 knap 时间复杂度为 $O(n2^n)$。而用动态规划算法求解 0-1 背包问题的时间复杂度为 $O(nC)$，因此回溯法并不是求解 0-1 背包问题的最优解法。

# 6.7　高逐位整除数

高逐位整除数就是从其高位开始，前 1 位能被 1 整除，前 2 位能被 2 整除……前 $n$ 位能被 $n$ 整除。如整数 10245 是一个 5 位高逐位整除数，整数 102450 是一个 6 位高逐位整除数。

那么，对于指定的正整数 $n$，共有多少个 $n$ 位的高逐位整除数？对于 $n$ 位高逐位整除数，$n$ 是否存在最大值？

### 1．求解思路分析

求解该问题最直接的方法就是穷举，把所有 $n$ 位数全表示出来，依次进行判断，但是该方法时间复杂度太高。我们用回溯法来求解该问题。

设数组 $a$ 用来存放求解的高逐位整除数。数组元素 $a[1]$存放高逐位整除数的最高位数，该元素肯定满足能被 1 整除的条件；数组元素 $a[2]$从 0 开始取值，存放高逐位整除数的第 2 位数，前 2 位即 $a[1] \times 10 + a[2]$，判断该数能否被 2 整除；接下来数组元素 $a[3]$从 0 开始取值，存放高逐位整除数的第 3 位数，前 3 位即 $a[1] \times 100 + a[2] \times 10 + a[3] = \{a[1] \times 10 + a[2]\} \times 10 + a[3]$，判断该数能否被 3 整除；依此类推即可求得结果。该问题的解空间树如图 6.24 所示。

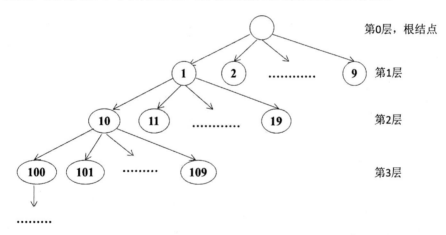

图 6.24　高逐位整除数解空间树

由图 6.24 可知，该问题的解空间树是排列树。

那么我们如何判断已取的 $i$ 位数能否被 $i$ 整除？看下面的代码：

```
for(r=0,j=1;j<=i;j++)
{   r=r*10+a[j];
    r=r%i;
}
```

这里 $r$ 用来求余数，$i$ 为已取的 $i$ 位数。

（1）若 $r=0$，说明该 $i$ 位数能被 $i$ 整除，此时有两个选择：

1）若已取了 $n$ 位，则输出一个 $n$ 位逐位整除数；然后将最后一位增 1 后继续。

2）若还没有取到 $n$ 位，则 $i=i+1$ 继续探索下一位。

（2）若 $r\neq0$，说明前 $i$ 位数不能被 $i$ 整除，则 $a[i]=a[i]+1$，即第 $i$ 位增 1 后继续。

若增至 $a[i]>9$，则 $a[i]=0$，即该位清零后，$i=i-1$ 回溯到前一位增 1。直到第 1 位超过 9 后，退出循环结束。

该算法可探索并输出所有 $n$ 位逐位整除数，用 sum 统计解的个数。若 sum=0，说明没有找到 $n$ 位逐位整除数，输出无解。

另外考虑该问题的剪枝函数。如 11 不能被 2 整除，那么 111、112 等此类数就没必要再去验证了，也就是执行如图 6.25 所示的剪枝操作。

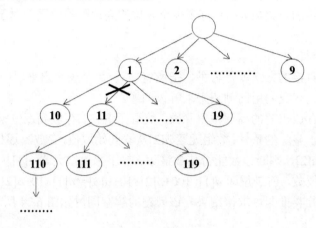

图 6.25　剪枝

## 2. 高逐位整除数的算法

高逐位整除数的算法描述如下：

```cpp
#include <iostream>
using namespace std;

int main()
{   int a=0;
    int n;//要求 n 位整除数
    cin>>n;
    int sum;//计算有多少个 n 位整除数
    backtrack(a,0,n,sum);
    cout<<sum;
    return 0;
}

void backtrack(int a,int t,int n,int &sum)
{   if(t==0)
    for(int i=1;i<=9;i++)
    {   a=a*10+i;
        backtrack(a,t+1,n,sum);
        a=(int)a/10;
```

```
        }
        else
            if(t==n)
                {   if(a%n==0)
                        sum++;
                    return;
                }
        if(a%t!=0) //剪枝操作
            return;
        for(int i=0;i<=9;i++)
        {   a=a*10+i;
            backtrack(a,t+1,n,sum);
            a=(int)a/10;
        }
}
```

3. 问题拓展

探索低逐位整除数，约定除个位数字可为 0 外，其余各位均为正整数。之所以如此约定，是为了避免出现取 1000000000 为一个 10 位的低逐位整除数这种情况。

另一方面，考虑到满足低逐位整除的数可能比较多，可以设定为对指定的 $n$，寻找并输出 $n$ 位以上的低逐位整除数，每一个 $n$ 只输出一个解。

# 6.8 图的 m 着色问题

1. 问题描述

图的着色问题是由地图的着色问题引申而来的：用 $m$ 种颜色为地图着色，使得地图上的每一个区域着一种颜色，且相邻区域颜色不同。

那么如何处理该问题呢？如果把每一个区域收缩为一个顶点，把相邻两个区域用一条边相连接，就可以把一个区域图抽象为一个平面图。

19 世纪 50 年代，英国学者提出了任何地图都可以用 4 种颜色使得相邻的国家着上不同颜色的 4 色猜想问题。过了 100 多年，这个问题才由美国数学家阿佩尔和海肯在计算机上予以证明，这就是著名的四色定理。例如，在图 6.26 中，区域用城市名表示，颜色用数字表示，我们将区域图抽象为平面图，平面图则表示不同区域的不同着色问题。

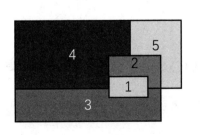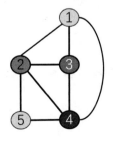

图 6.26　图的 m 着色问题

给定无向连通图 $G$ 和 $m$ 种不同的颜色。用这些颜色为图 $G$ 的各顶点着色，每个顶点着一种颜色。是否有一种着色法使 $G$ 中每条边的 2 个顶点着不同颜色，这个问题是图的 m 可着色判定问题。若一个图最少需要 $m$ 种颜色才能使图中每条边连接的 2 个顶点着不同颜色，则称这个数 $m$ 为该图的色数。求一个图的色数 $m$ 的问题称为图的 m 可着色优化问题。

由于用 $m$ 种颜色为无向图 $G=(V, E)$ 着色，其中，$V$ 的顶点个数为 $n$，可以用一个 $n$ 元组 $C=(c_1, c_2, \ldots, c_n)$ 来描述图的一种可能着色，其中，$c_i \in \{1, 2, \ldots, m\}$（$1 \leq i \leq n$）表示赋予顶点 $i$ 的颜色。

例如，如图 6.26 所示的着色问题，可以用 5 元组 $(1, 2, 2, 3, 1)$ 表示对具有 5 个顶点的无向图的一种着色，顶点 1 着颜色 1，顶点 2 着颜色 2，顶点 3 着颜色 2，如此等等。

如果在 $n$ 元组 $C$ 中，所有相邻顶点都不会着相同颜色，就称此 $n$ 元组为可行解，否则为无效解。

2. 回溯法求解过程

首先把所有顶点的颜色初始化为 0，然后依次为每个顶点着色。如果其中 $i$ 个顶点已经着色，并且相邻两个顶点的颜色都不一样，就称当前的着色是有效的局部着色；否则，就称为无效的着色。

如果由根结点到当前结点路径上的着色对应于一个有效着色，并且路径的长度小于 $n$，那么相应的着色是有效的局部着色。这时，就从当前结点出发扩展当前结点，继续探索它的孩子结点，并把孩子结点标记为活结点。如果在相应路径上搜索不到有效的着色，就把当前结点标记为死结点，并转移去搜索对应于另一种颜色的兄弟结点。如果对所有 $m$ 个兄弟结点，都搜索不到一种有效的着色，就回溯到它的父亲结点，并把父亲结点标记为死结点，转移去搜索父亲结点的兄弟结点。这种搜索过程一直进行，直到根结点变为死结点，或者搜索路径长度等于 $n$，并找到了一个有效的着色为止，如图 6.27 所示。

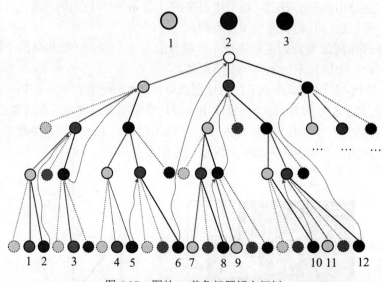

图 6.27　图的 m 着色问题解空间树

3. 算法描述

我们根据回溯法的递归描述框架 Backtrack 设计图的 m 着色算法。

用图的邻接矩阵 $a$ 表示无向连通图 $G=(V, E)$。若 $(i, j)$ 属于图 $G=(V, E)$ 的边集 $E$，则 $a[i][j] = 1$，否则 $a[i][j]=0$，整数 1, 2, ..., $m$ 用来表示 $m$ 种不同颜色。顶点 $i$ 所着的颜色用 $x[i]$ 表示。数组 $x[1:n]$ 是问题的解向量。问题的解空间可表示为一颗高度为 $n+1$ 的完全 $m$ 叉树，解空间树的第 $i$ $(1 \leqslant i \leqslant n)$ 层中每一结点都有 $m$ 个孩子，每个孩子相应于 $x[i]$ 的 $m$ 个可能的着色之一。第 $n+1$ 层结点均为叶结点。

在下面求解图的 m 可着色问题的回溯法中，Backtrack(i) 用于搜索解空间中第 $i$ 层子树。类 Color 的数据成员记录解空间中结点信息，以减少传给 Backtrack 的参数。sum 记录当前已找到的 m 可着色方案数。

在算法 Backtrack 中，当 $i > n$ 时，算法搜索至叶结点，得到新的 m 着色方案，当前找到的可 m 着色方案数 sum 增 1。

当 $i \leqslant n$ 时，当前扩展结点 Z 是解空间中的内部结点，该结点有 $x[i] = 1, 2, ..., m$，共 $m$ 个孩子结点。对当前扩展结点 Z 的每一个孩子结点，由 OK 函数检查其可行性，并以深度优先的方式递归地对可行子树进行搜索，或剪去不可行子树。

用回溯法求解图的 m 着色问题描述如下：

```
class Color
{ friend int mColoring(int, int, int **);
private:
    bool Ok(int k);
    void Backtrack(int t);
    int n,        //图的顶点数
        m,        //可用的颜色数
        **a,      //图的邻接矩阵
        *x;       //当前解
    long sum;     //当前已找到的可 m 着色方案数
};


void Color::Backtrack(int t)        //对解空间树回溯搜索，求得可行着色方案数量
{ if (t>n)
//算法搜索到叶结点，得到一个新的每条边的两个顶点着不同颜色的 m 着色方案
    { sum++;                   //当前已找到的着色方案数 sum+1
        for (int i=1; i<=n; i++)    //输出找到的当前着色方案
            cout << x[i] << " ";
        cout << endl;
    }
    else
    { //该结点有 x[i]=1,2,…,m 个孩子结点，表示第 k 个顶点可着 m 种颜色
        for (int i=1; i<=m; i++)
        { //搜索当前扩展结点的每一个孩子结点
            x[t]=i;
            if (Ok(t)) //检查可行性
                Backtrack(t+1); //满足约束函数，以深度优先的方式对子树搜索，不满足就剪去以该
                                //结点为根的子树
            x[t]=0;
        }
```

```
        }
    }

bool Color::Ok(int k)      //判断顶点 k 的着色是否与前面已着色的 k-1 个顶点发生冲突
{   for (int j=1; j<=n; j++)
        if ((a[k][j]==1)&&(x[j]==x[k]))    //顶点相邻且颜色相同
                return false;
    return true;
}

//变量初始化，调用递归函数 BackTrack(1)实现回溯搜索并返回可行 m 着色方案数量
int mColoring(int n,int m,int **a)
{   Color X;
    //初始化 X
    X.n = n;
    X.m = m;
    X.a = a;
    X.sum = 0;
    int *p = new int[n+1];
    for(int i=0; i<=n; i++)
        p[i] = 0;
    X.x = p;
    X.Backtrack(1);    //求得可行 m 着色方案数量
    delete []p;
    return X.sum;      //返回可行 m 着色方案数量
}
```

4. 时间复杂度分析

图 m 可着色问题的回溯算法的计算时间上界可以通过计算解空间树中内结点个数来估

计。图 m 可着色问题的解空间树中内结点个数是 $\sum_{i=0}^{n-1} m^i$ 。对于每一个内结点，在最坏情况下，

用 OK 函数检查当前扩展结点的每一个孩子所相应的颜色的可用性需耗时 $O(nm)$。因此，回溯法求解该问题的时间复杂度是 $O(nm^n)$。

5. 实例

（1）考场安排。

问题描述：学校共有 $n$ 门课，需要进行期末考试，因为不少学生不止选修一门课程，所以不能把同一个学生选修的两门课程考试安排在同一场次，问学期的期末考试最少需多少场次考完？

问题分析：本问题的实质是对平面图顶点着色问题的判定，采用回溯法求解。将所选的每门课程变成一个结点，若一个同学选了 $m$（$1 \leqslant m \leqslant n$）门课程时，则这 $m$ 门课程所对应的结点互相用一条边连接起来。相邻边的顶点不能着同一种颜色，即不能安排在同一场次考试。但本题又不同于 m 着色问题，是要求最少场次考完，故本问题是求 min 着色问题，即所有的顶点最少可用多少种颜色来着色。

（2）储藏问题。

问题描述：一家公司制造 $n$ 种化学制品 $C_1, C_2, \ldots, C_n$，其中某些制品是互不相容的，如果它们互相接触，则会引起爆炸。为安全起见，公司必须把仓库分成多个隔间，以便把不相容的化学制品储藏在不同的隔间里，试问：这个仓库至少应该分成几个隔间？

问题分析：构造一个图 $G$，其顶点集是 $\{v_1, v_2, \ldots, v_n\}$，两个顶点 $v_i$ 和 $v_j$ 相连，当且仅当化学制品 $C_i$ 和 $C_j$ 互不相容，则仓库的最小间隔数即为 $G$ 的顶点数。

# 6.9 回溯法效率分析

通过前面具体实例的讨论容易看出，回溯法在求解过程中产生的结点数通常只有解空间结点数的一小部分，这也是回溯法的计算效率大大高于穷举法的原因所在。回溯法的效率在很大程度上依赖于以下因素：

（1）解空间树的深度。

（2）满足显式约束的 $x[k]$ 值的个数。

（3）计算约束函数 constraint 的时间。

（4）计算上界函数 bound 的时间。

（5）满足约束函数和上界函数约束的所有 $x[k]$ 的个数。

好的约束函数能显著地减少所生成的结点数，但这样的约束函数往往计算量较大。因此，在选择约束函数时通常存在生成结点数与约束函数计算量之间的折中。

可以用"重排原理"提高效率。重排原理的描述如下：对于许多问题来说，搜索时选取 $x[i]$ 的值顺序是任意的，在其他条件相当的前提下，让取值最少的 $x[i]$ 也就是结点少的分支优先。从图 6.28 中关于同一问题的 2 棵不同解空间树可以体会到这种策略的好处。

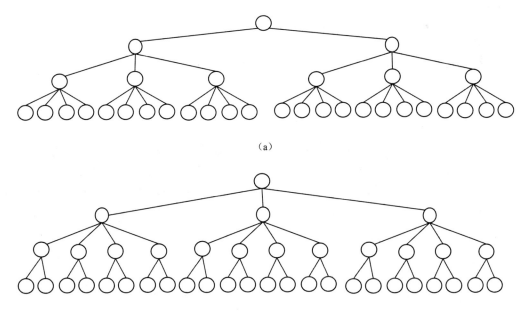

（a）

（b）

图 6.28 重排定理

图 6.28（a）中，从第 1 层剪去 1 棵子树，则从一次消去 12 个叶结点。对于图 6.28（b），虽然同样从第 1 层剪去 1 棵子树，却只能消去 8 个，所以前者的效果明显比后者好。

# 习　题

1．重写装载问题的回溯法，使改进后算法的计算时间复杂度为 $O(2^n)$。

2．重写 0-1 背包问题的回溯法，使算法输出最优解。

3．编程实现 1□2□3□4□5□6□7□8□9□10=100。在□中插入"+"或"-"，不插入则表示连接，使得最终运算结果等 100。

如：1+2+3+4+5+6+78-9+10=100

1+2+3+4+56+7+8+9+10=100

4．用 1, 2, 3,…, 9 这九个数字组成一个数学公式，满足 ABC + DEF = GHI，每个数字只能出现一次，编写程序输出所有的组合。

5．把 1 到 20 这 20 个数摆成一个环，要求相邻的两个数的和是一个素数。

6．在一个 $n×n$ 的棋盘上填入 1 到 $n×n$ 这 $n^2$ 个数，要求任意两个相邻的数的和是一个素数。

7．牛牛非常喜欢吃蛋糕。第一天牛牛吃掉蛋糕总数三分之一多一个，第二天又将剩下的蛋糕吃掉三分之一多一个，以后每天吃掉前一天剩下的三分之一多一个，到第 $n$ 天准备吃的时候只剩下一个蛋糕。那么第一天开始吃的时候蛋糕一共有多少呢？

8．棋盘上 A 点有一个过河卒，需要走到目标 B 点。卒行走的规则：可以向下或者向右。同时在棋盘上 C 点有一个对方的马，该马所在的点和所有跳跃一步可达的点称为对方马的控制点，因此称之为"马拦过河卒"。棋盘用坐标表示，A 点(0, 0)、B 点(n, m)（n，m 为不超过 15 的整数），同样马的位置坐标是需要给出的。现在要求计算出卒从 A 点能够到达 B 点的路径的条数，假设马的位置是固定不动的，并不是卒走一步马走一步。

9．给定一个无重复元素的数组 candidates 和一个目标数 target，找出 candidates 中所有可以使数字和为 target 的组合。candidates 中的数字可以被无限制重复选取。

说明：所有数字（包括 target）都是正整数。解集不能包含重复的组合。

示例：

输入：candidates = [2,3,6,7], target = 7

所求解集为：{[7], [2,2,3]}

10．世界名画陈列馆由 m×n 个排列成矩形阵列的陈列室组成。为了防止名画被盗，需要在陈列室中设置警卫机器人哨位。每个警卫机器人除了监视它所在的陈列室外，还可以监视与它所在的陈列室相邻的上、下、左、右 4 个陈列室。试设计一个安排警卫机器人哨位的算法，使得名画陈列馆中每一个陈列室都在警卫机器人的监视之下，且所用的警卫机器人数最少。

# 第 7 章　分支限界法

**本章学习重点：**

● 分支限界法的基本思想。

● 两种活结点扩展方式。

● 通过应用范例学习分支限界法设计策略：单源最短路径、装载问题、0-1 背包问题。

## 7.1　分支限界法的基本思想

### 7.1.1　分支限界法与回溯法的异同

分支限界法以广度优先或以最小耗费（最大效益）优先的方式搜索问题的解空间树。

在分支限界法的解空间树中，每一个活结点只有一次机会成为扩展结点。活结点一旦成为扩展结点，就一次性产生其所有孩子结点。孩子结点中，导致不可行解或导致非最优解的孩子结点被舍弃，其余孩子结点被加入活结点表中。从活结点表中取下一结点成为当前扩展结点，并重复上述结点扩展过程。这个过程一直持续到找到所需的解或活结点表为空为止。

所谓"分支"，就是采用广度优先策略依次搜索活结点的所有分支，也就是搜索所有相邻结点，如图 7.1 所示。为了加速搜索进程，可以在每一个活结点处设置限界函数，并根据限界函数的值从当前活结点表中选择一个最有利的结点做为扩展结点，以便朝着解空间树上具有最优解的分支搜索，尽快找到一个最优解。

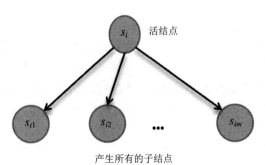

图 7.1　扩展结点

在分支限界法搜索过程中产生的活结点表具有先进先出的性质，其本质上是队列。

那么，分支限界法与回溯法的相同点与不同点是什么？

相同点：类似于回溯法，分支限界法也是一种在问题的解空间树 T 上搜索解的算法。

不同点：

（1）求解目标不同：回溯法的求解目标是找出解空间树中满足约束条件的所有解，而分支限界法的求解目标则是找出满足约束条件的一个解，或是在满足约束条件的解中找出在某种意义下的最优解。

（2）搜索方式不同：回溯法以深度优先的方式搜索解空间树，而分支限界法则以广度优先或以最小耗费（最大效益）优先的方式搜索解空间树，如表 7.1 所示。

表 7.1　分支限界法和回溯法的区别

| 方法 | 解空间搜索方式 | 存储结点的数据结构 | 结点存储特性 | 常用应用 |
|------|------|------|------|------|
| 回溯法 | 深度优先 | 栈 | 活结点的所有可行子结点被遍历后才从栈中出栈 | 找出满足条件的所有解 |
| 分支限界法 | 广度优先 | 队列，优先队列 | 每个结点只有一次成为活结点的机会 | 找出满足条件一个解或者特定意义的最优解 |

什么样的问题适合用回溯法？什么样的问题适合用分支限界法？

适合采用回溯法解决的问题：n 皇后问题。

问题定义：在 $n \times n$ 的国际象棋棋盘上摆下 $n$ 个皇后，使所有的皇后都不能攻击到其他皇后，找出所有符合要求的情况。

问题分析：n 皇后问题的解空间树是一棵排列树，解与解之间不存在优劣的分别，直到搜索到叶结点时才能确定出一组解。采用回溯法可以系统地搜索到问题的全部解。

能否使用分支限界法求解？n 皇后问题的解空间树是排列树，在最坏的情况下，栈的深度不会超过 $n$。如果采取分支限界法，在解空间树的第一层就会产生 $n$ 个活结点，如果不考虑剪枝，将在第二层产生 $n(n-1)$ 个活结点，如此下去对队列空间的要求太高，因此，不建议用分支限界法求解。

既可以采用回溯法也可以采用分支限界法解决的问题：0-1 背包问题。

问题定义：给定若干物品的重量和价值以及一个背包的容量上限。求出一种方案使得背包中存放物品的价值最高。

问题分析：0-1 背包问题的解空间树是一棵子集树，所要求的解具有最优性质。分支限界法不仅能通过约束条件，而且可以通过目标函数的限界来减少无效搜索。

与回溯法相比，分支限界法的优点是可以更快地找到一个解或者最优解，算法要维护一个活结点表（队列），并且需要在表中快速查找取得极值的结点，这都需要较大的存储空间，在最坏情况下，分支限界法需要的空间复杂度是指数级的。

分支限界法的求解效率基本上由限界函数决定，如果限界估计不好，在极端情况下将与穷举搜索没多大区别。

### 7.1.2　分支限界法求解步骤

下面给出分支限界法求解问题的步骤：①在带权解空间树中进行广度优先搜索；②找一个叶结点使其对应路径的权最小（最大）；③当搜索到达一个扩展结点时，一次性扩展它的所有孩子；④将满足约束条件且最小耗费函数小于等于目标函数限界的孩子插入活结点表中；⑤

从活结点表中取下一结点同样扩展；⑥直到找到所需的解或活动结点表为空为止。

在上述步骤里有两个重要机制：产生分支（解空间树）、产生一个界限；终止许多分支（剪枝）。相应地，分支限界法有以下三个关键问题需要解决：

（1）如何确定合适的限界函数？

（2）如何组织活结点表？

（3）如何确定解向量的各个分量？

好的限界函数不仅计算简单，还要保证最优解在搜索空间中，更重要的是能在搜索的早期对超出目标函数界的结点进行丢弃，减少搜索空间，从而尽快找到最优解。

### 7.1.3　常见的两种分支限界法

不同的分支限界法从活结点表中选择下一扩展结点的方式不同，常见的有以下两种：

1. 队列式（FIFO）分支限界法

将活结点表组织成一个队列，按照先进先出（FIFO）原则选取下一个结点为扩展结点。步骤如下：

（1）将根结点加入活结点队列。

（2）从活结点队列中取出队头结点作为当前扩展结点。

（3）对于当前扩展结点，先从左到右地产生它的所有孩子结点，然后用约束条件检查，把所有满足约束条件的孩子结点加入活结点队列。

（4）重复步骤（2）和（3），直到找到一个解或活结点队列为空为止。

2. 优先队列式分支限界法

将活结点表组织成一个优先队列，按照规定的优先级选取优先级最高的结点成为当前扩展结点。算法实现时，通常用极大（小）堆来实现最大（小）优先队列，取堆中下一个结点为当前扩展结点，这种选取方法体现最大（小）耗费优先的原则。极大堆满足一个结点必定不小于其孩子结点，极小堆正好相反，极大堆中最大的元素必定是其根结点。

例 1：0-1 背包问题。

0-1 背包问题中，物品个数 $n=3$，背包容量 $C=20$，每个物品的价值 $(v_1, v_2, v_3)=(20, 15, 25)$，每个物品的重量 $(w_1, w_2, w_3)=(10, 5, 15)$，求使装入背包的物品价值最大的解 $X=(x_1, x_2, x_3)$。

（1）队列式分支限界法求解。如图 7.2 所示，队列式分支限界法求解 0-1 背包问题的步骤描述如下：

1）用一个队列存储活结点表，初始为空：Φ。

2）A 为当前扩展结点，其孩子结点 B 和 C 均为可行结点，将其按从左到右顺序加入活结点队列，此时 A 已扩展完毕，成为死结点，舍弃 A（这里用删除线表示在队列中删除该死结点）：（A̶ B C）。

3）按 FIFO 原则，下一扩展结点为 B，B 的孩子结点 D 和 E 均为可行结点，将其按从左到右顺序加入活结点队列，此时 B 已扩展完毕，成为死结点，舍弃 B：（B̶ C D E）。

4）C 为当前扩展结点，C 的孩子结点 F、G 均为可行结点，加入活结点表，此时 C 已扩展完毕，成为死结点，舍弃 C：（C̶ D E F G）。

5）扩展结点 D，D 的孩子结点 H 不可行而舍弃；D 的孩子结点 I 为可行的叶结点，是问题的一个可行解，价值为 35，此时 D 已扩展完毕，成为死结点，舍弃 D，同时从队列中删除叶子结点 I（这里用双删除线表示在队列中删除叶子结点）：（~~D~~　E　F　G　~~H~~　~~I~~）。

6）扩展结点 E，E 的孩子结点 J 不可行而舍弃；E 的孩子结点 K 为可行的叶结点，是问题的一个可行解，价值为 20，此时 E 已扩展完毕，成为死结点，舍弃 E，同时从队列中删除叶子结点 K：（~~E~~　F　G　~~J~~　~~K~~）。

7）当前活结点队列的队首为 F，F 的孩子结点 L、M 为可行叶结点，价值为 40、15，此时 F 已扩展完毕，成为死结点，舍弃 F，同时从队列中删除叶子结点 L、M：（~~F~~　G　~~L~~　~~M~~）。

8）G 为最后一个扩展结点，G 的孩子结点 N、O 均为可行叶结点，其价值为 25 和 0，舍弃 G，同时从队列中删除叶子结点 N、O：（~~G~~　~~N~~　~~O~~）。

9）活结点队列为空，算法结束，其最优值为 40。

算法搜索得到最优值为 40，最优解为从根结点 A 到叶结点 L 的路径（0,1,1）。

由以上例子可以看出，队列式分支限界法搜索解空间树的方式与解空间树的广度优先遍历算法极为类似。唯一不同之处是队列式分支限界法不搜索以不可行结点为根的子树。

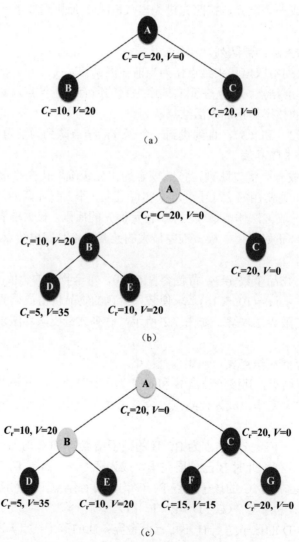

图 7.2（一）　队列式分支限界法

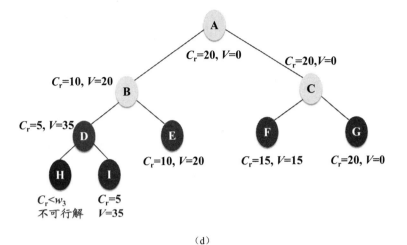

（d）

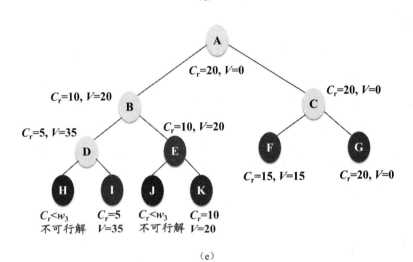

（e）

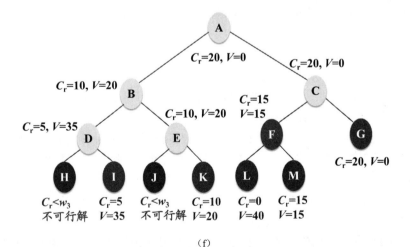

（f）

图 7.2（二）　队列式分支限界法

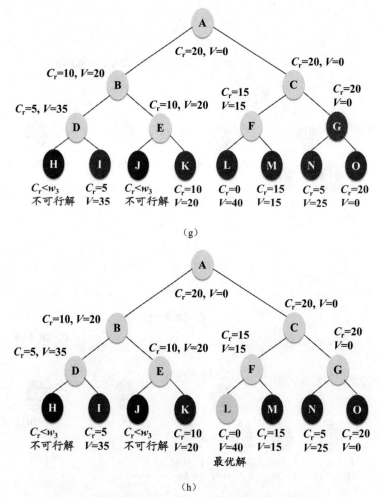

（g）

（h）

图 7.2（三） 队列式分支限界法

（2）优先队列式分支限界法求解。如图 7.3 所示，优先队列式分支限界法求解 0-1 背包问题的步骤描述如下：

1）用一个极大堆表示活结点表的优先队列，其优先级定义为活结点所获得的价值，初始为空：Φ。

2）A 为当前扩展结点，其孩子结点 B 和 C 均为可行结点，加入堆中，此时 A 已扩展完毕，成为死结点，舍弃 A：（A B C）。

3）B 获得价值 20，C 为 0。B 为堆中价值最大元素，并成为下一扩展结点，扩展结点 B，其孩子结点 D 和 E 均为可行结点，加入排好序的极大堆中，此时 B 已扩展完毕，成为死结点，舍弃 B：（B D E C）。

4）D 的价值为 35，是堆中最大元素，为当前扩展结点，D 的孩子结点 H 不可行而舍弃；D 的孩子结点 I 为可行的叶结点，是问题的一个可行解，价值为 35，此时 D 已扩展完毕，成为死结点，舍弃 D，同时从堆中删除叶子结点 I（这里用双删除线表示在队列中删除叶子结点）：（D E C H I）。

5）E 的价值为 20，是堆中最大元素，为当前扩展结点，E 的孩子结点 J 不可行而舍弃；E

的孩子结点 K 为可行的叶结点，是问题的一个可行解，价值为 20，此时 E 已扩展完毕，成为死结点，舍弃 E，同时从堆中删除叶子结点 K：(E̶　C　J̶　K̶)。

6）此时堆中只剩下 1 个元素 C，C 为当前扩展结点，C 的孩子结点 F、G 均为可行结点，加入活结点表，此时 C 已扩展完毕，成为死结点，舍弃 C：(C̶　F　G)。

7）F 的价值为 15，是堆中最大元素，为当前扩展结点，F 的孩子结点 L、M 为可行叶结点，价值为 40、15，此时 F 已扩展完毕，成为死结点，舍弃 F，同时从堆中删除叶子结点 L、M：(F̶　G　L̶　M̶)。

8）此时堆中只剩下 1 个元素 G，G 为当前扩展结点，G 的孩子结点 N、O 均为可行叶结点，其价值为 25 和 0，舍弃 G，同时从堆中删除叶子结点 N、O：(G̶　N̶　O̶)。

9）活结点队列为空，算法结束，其最优值为 40。

算法搜索得到最优值为 40，最优解为从根结点 A 到叶结点 L 的路径（0,1,1）。

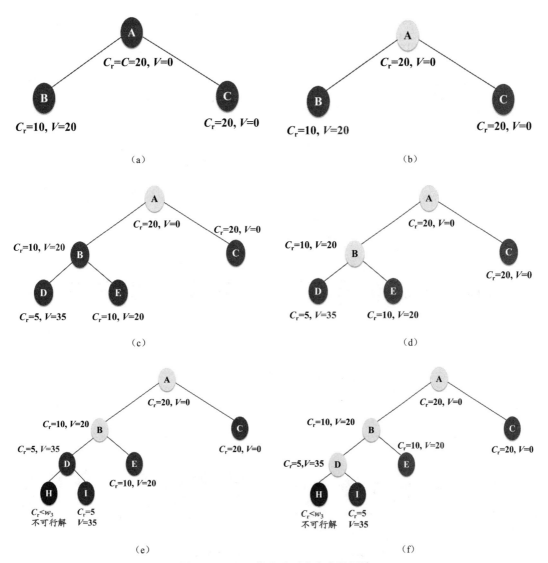

图 7.3（一）　优先队列式分支限界法

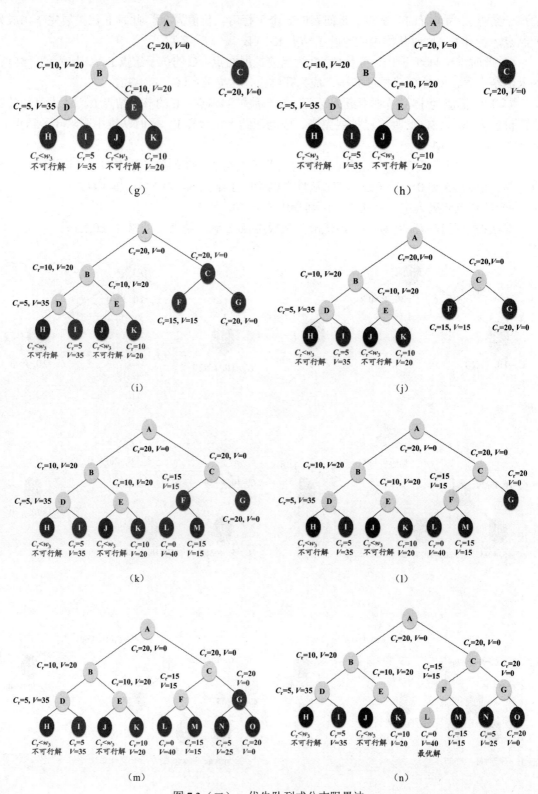

图 7.3（二） 优先队列式分支限界法

与回溯法类似，也可以用剪枝函数加速搜索过程。剪枝函数给出每个可行结点相应的子树可能获得的最大价值的上界，如果这个上界不比当前最优值更大，则可以剪去相应的子树。也可将上界函数确定的每个结点的上界值作为优先级，以该优先级的非增序选取当前扩展结点，由此可快速获得最优解。下面给出带有剪枝函数的分支限界法例子。

**例 2：**旅行售货员问题。

问题描述：某售货员要到 $n$ 个城市去推销商品，已知各城市之间的路程，要选定一条从驻地出发，经过每个城市一遍，最后回到住地的路线，使总的路程最短。该问题是一个 NP 完全问题，有 $(n-1)!$ 条可选路线，如图 7.4 所示。

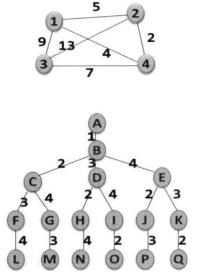

图 7.4　旅行售货员问题

该问题的解空间树是一棵排列树。

（1）队列式分支限界法求解。用队列式分支限界法求解旅行售货员问题时，可以用限界函数剪去不满足条件的解，如路径 ABCGM 的值为 23，在扩展下一条路径 ABDHN 时，由于由 A 至 H 的路径长度已经为 24，大于当前获得的最优解 23，因此不扩展 N，直接将其剪去。

如图 7.5 所示，队列式分支限界法求解旅行售货员问题的步骤描述如下：

1）用一个队列存储活结点表，初始为空：Φ。

2）A 是起始结点，因为所有路径都从结点 1 开始，因此选择 B 为当前扩展结点，其孩子结点 C、D、E 均为可行结点，将其按从左到右顺序加入活结点队列，此时 B 已扩展完毕，成为死结点，舍弃 B：(~~B~~　C　D　E)。

3）按 FIFO 原则，下一扩展结点为 C，C 的孩子结点 F 和 G 均为可行结点，将其按从左到右顺序加入活结点队列，此时 C 已扩展完毕，成为死结点，舍弃 C：(~~C~~　D　E　F　G)；D 为当前扩展结点，D 的孩子结点 H、I 均为可行结点，加入活结点表，此时 D 已扩展完毕，成为死结点，舍弃 D：(~~D~~　E　F　G　H　I)；E 为当前扩展结点，E 的孩子结点 J、K 均为可行结点，加入活结点表，此时 E 已扩展完毕，成为死结点，舍弃 E：(~~E~~　F　G　H　I　J　K)。

4）扩展结点 F，F 的孩子结点 L 为叶结点，是问题的一个可行解，路程为 29，此时 F 已扩展完毕，成为死结点，舍弃 F，同时从队列中删除叶子结点 L：(F̶ G H I J K L̶)；扩展结点 G，G 的孩子结点 M 为叶结点，是问题的一个可行解，路程为 23，这是当前最优的解，此时 G 已扩展完毕，成为死结点，舍弃 G，同时从队列中删除叶子结点 L：(G̶ H I J K M̶)；扩展结点 H，因为从 A 结点至 H 结点的路径长度为 24，已经超过当前最优路径值，因此不扩展 H 的孩子结点 N，执行剪枝操作，此时 H 成为死结点，舍弃 H：(H̶ I J K)；用同样的方法扩展 I、J、K。

5）活结点队列为空，算法结束，其最优值为 23。

算法搜索得到最优值为 23，最优路线为 1→2→4→3→1 和 1→3→4→2→1。

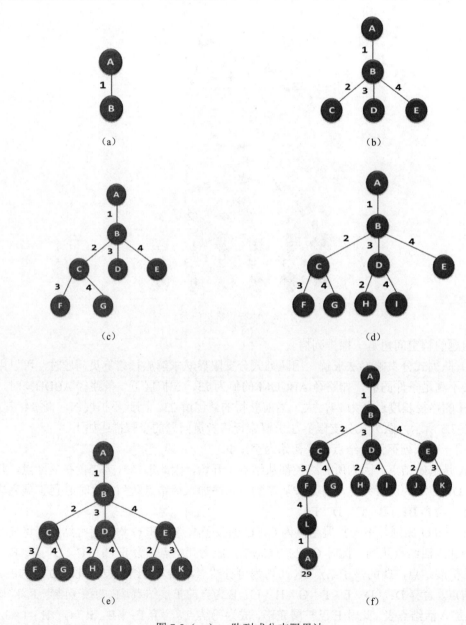

图 7.5（一） 队列式分支限界法

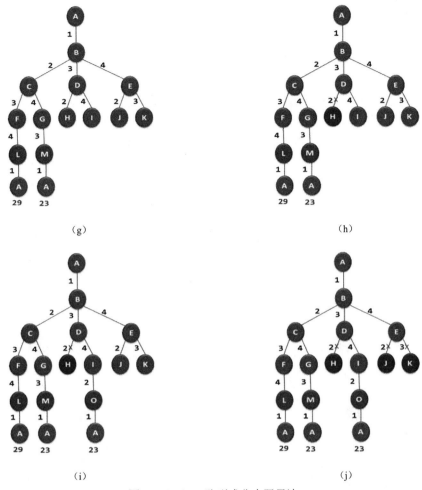

（g） （h）

（i） （j）

图 7.5（二） 队列式分支限界法

（2）优先队列式分支限界法求解。如图 7.6 所示，优先队列式分支限界法求解旅行售货员问题的步骤描述如下：

1）用一个极小堆表示活结点表的优先队列，其优先级定义为路径值，初始为空：Φ。

2）选择 B 为当前扩展结点，其孩子结点 C、D、E 均为可行结点，将其按路径值由小到大加入活结点队列，此时 B 已扩展完毕，成为死结点，舍弃 B：(~~B~~ E C D)。

3）E 的路径为 4，是堆中最小元素，成为下一扩展结点，扩展结点 E，其孩子结点 J 和 K 均为可行结点，加入排好序的极小堆中，此时 E 已扩展完毕，成为死结点，舍弃 E：(~~E~~ C J D K)。

4）C 的路径为 5，是堆中最小元素，成为下一扩展结点，扩展结点 C，其孩子结点 F 和 G 均为可行结点，加入排好序的堆中，此时 C 已扩展完毕，成为死结点，舍弃 C：(~~C~~ J G D K F)。

5）J 的路径为 6，是堆中最小元素，成为下一扩展结点，扩展结点 J，J 的孩子结点 P 为叶结点，是问题的一个可行解，路程为 28，此时 J 已扩展完毕，成为死结点，舍弃 J：(~~J~~ G D K F)。

6）G 的路径为 7，是堆中最小元素，成为下一扩展结点，扩展结点 G，G 的孩子结点 M 为叶结点，是问题的一个可行解，路程为 23，这是当前最优的解，此时 G 已扩展完毕，成为死结点，舍弃 G：(~~G~~ D K F)。

7）D 的路径为 9，是堆中最小元素，成为下一扩展结点，扩展结点 D，从 A 结点至 D 的孩子结点 H 的路径长度为 24，已经超过当前最优路径值，因此执行剪枝操作，不扩展 H；D 的孩子结点 I 为可行结点，加入排好序的极小堆中，此时 D 已扩展完毕，成为死结点，舍弃 D：(D̶ K F I)。

8）K 的路径为 11，是堆中最小元素，成为下一扩展结点，扩展结点 K，从 A 结点至 K 的孩子结点 Q 的路径长度为 24，已经超过当前最优路径值，因此执行剪枝操作，不扩展 K，此时 K 成为死结点，舍弃 K：(K̶ F I)。同理，执行剪枝操作，舍弃 F：(F̶ I)。

9）I 成为队列中唯一的活结点，扩展 I，其孩子结点 O 为叶结点，是问题的一个可行解，路程为 23，这也是当前最优的解，此时 I 已扩展完毕，成为死结点，舍弃 I：(I̶)。

10）活结点队列为空，算法结束，其最优值为 23。

算法搜索得到最优值为 23，最优路线为 1→2→4→3→1 和 1→3→4→2→1。

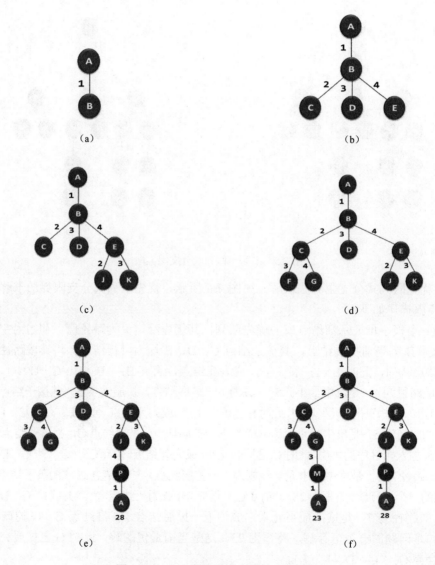

图 7.6（一）　优先式队列式分支限界法

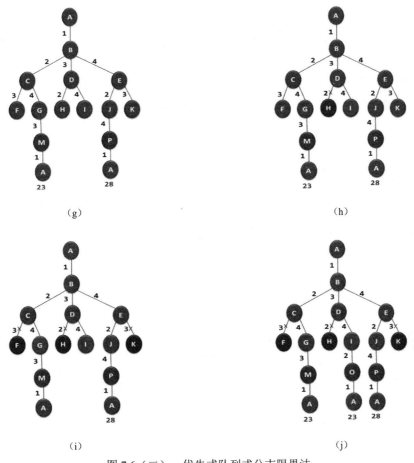

图 7.6（二）　优先式队列式分支限界法

分支限界法和回溯法实际上都属于穷举法，需要遍历具有指数阶个结点的解空间树，在最坏情况下，时间复杂度肯定为指数阶。

从例 2 旅行售货员问题的分析过程中可知，与回溯法不同，分支限界法首先扩展解空间树中的上层结点，并采用限界函数，这样就有利于进行大范围剪枝。同时，根据限界函数不断调整搜索方向，选择最有可能取得最优解的子树优先进行搜索。所以，如果选择了结点的合理扩展顺序以及设计了一个好的限界函数，分支界限法可以快速得到问题的解。

但是分支限界法可以快速得到问题的解是以付出一定代价为基础的：

（1）一个好的限界函数通常需要花费更多的时间计算相应的目标函数值，而且对于具体的问题实例，通常需要进行大量实验，才能找到一个好的限界函数。

（2）由于分支限界法对解空间树中结点的处理是跳跃式的，因此，在搜索到某个叶子结点得到最优值时，为了从该叶子结点求出对应最优解中的各个分量，需要保存每个扩展结点到根结点的路径，或者在搜索过程中构建已经搜索过的树结构，这使得算法的设计较为复杂。

# 7.2 单源最短路径问题

以一个例子来说明单源最短路径问题：在图 7.7 所给的有向图 $G$ 中，每一边都有一个非负边权。求图 $G$ 中从源顶点 S 到目标顶点 T 之间的最短路径。

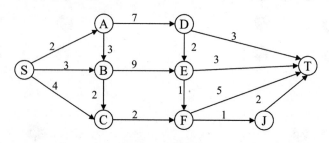

图 7.7 有向图 $G$

我们用优先队列式分支限界法构造该问题的解空间树，如图 7.8 所示，其中解空间树中每一条边上的数字表示由 S 到箭头所指的结点对应的路长。

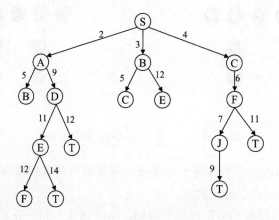

图 7.8 单源最短路解空间树

## 1. 算法思想

解单源最短路径问题的优先队列式分支限界法用极小堆来存储活结点表，其优先级是结点所对应的当前路长，路长小的结点优先级别高。

算法从图 $G$ 的源顶点 S 和空优先队列开始；结点 S 被扩展后，它的孩子结点被依次插入堆中；算法每次从堆中取出具有最小当前路长的结点作为当前扩展结点，并依次检查与当前扩展结点相邻的所有顶点；如果从当前扩展结点 $i$ 到 $j$ 有边可达，且从源顶点出发，途经 $i$ 再到 $j$ 的所相应路径长度小于当前最优路径长度，则将该顶点作为活结点插入到活结点优先队列中；结点扩展过程一直继续到活结点优先队列为空时为止。

## 2. 剪枝策略

该问题有 2 个剪枝策略：

（1）扩展结点过程中，一旦发现一个结点的下界大于等于当前找到的最短路长，则算法剪去以该结点为根的子树。

（2）利用路长进行剪枝。若从源顶点 S 出发，有 2 条不同路径到达图 $G$ 的同一顶点，可将路长比较长的路径所对应的树中的结点为根的子树剪去。

如图 7.9 所示，从 S 出发到达顶点 E 有多条路径，经结点 A、D 到达 E，路长为 11；经 B 到达 E，路长为 12；经 A、B 到达 E，路长为 14。3 条路径都可以到达有向图 $G$ 的同一结点 E。但在解空间树中，这 3 条路径相应于解空间树的 3 个不同的结点，由于第 1 条路径最短，故可将以其他两条以 E 为根的子树剪去。

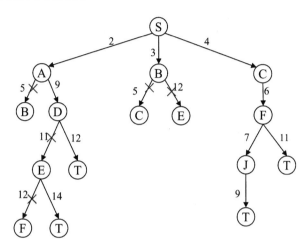

图 7.9　剪枝

找到一条路径 S→C→F→J→T，最短路径长度是 9，可以采用以下策略剪枝：一旦发现某个结点的下界不小于这个最短路径，则剪枝。

3. 算法描述

```
template<class Type>
class Graph
{   friend int main();
    public:
    void ShortesPaths(int);
        void setAdjMartix(int **cAdj);
        Graph(const int)
        ~Graph();
    private:
        int n,          //图 G 的顶点数
           *prev;       //前驱顶点数组
        Type **c,       //图 G 的邻接矩阵
           *dist;       //最短距离数组
};

template<class Type>
class MinHeapNode
{   friend Graph<Type>;
    public:
```

```
    int operator<=(MinHeapNode a)
    { return (length <= a.length);}
    int operator < (MinHeapNode a)
    {return (length<a.length); }
    int operator >(MinHeapNode a)
    {return (length > a.length);}
    int operator >=(MinHeapNode a)
    {return (length >= a.length);}
    private:
        int i;                //顶点编号
        Type length;          //当前路长
};

template<class Type>
Graph<Type>::Graph(const int m)
{   n = m;
    dist = new int[m + 1];
    prev = new int[m + 1];
}

template<class Type>
Graph<Type>::~Graph()
{   delete[] dist;
    delete[] prev;
    for (int i = 0; i <= n; i++)
    {    delete[] c[i];        }
    delete[] c;
}

template<class Type>
void Graph<Type>::setAdjMartix(int **cAdj)
{   c = cAdj;
}

template<class Type>
void Graph<Type>::ShortesPaths(int v)      //单源最短路径问题的优先队列式分支限界法
{   MinHeap<MinHeapNode<Type>> H(1000);
    MinHeapNode<Type> E;
    for (int k = 1; k <= n; k++)
    {   dist[k] = INF;
        prev[k] = -1;
    }
    //定义源为初始扩展结点
    E.i=v;
    E.length=0;
    dist[v]=0;
```

```
while (true)//搜索问题的解空间
{   for (int j = 1; j <= n; j++)
        if ((c[E.i][j]!=0)&&(E.length+c[E.i][j]<dist[j])) //E 为最小堆
        {   //顶点 i 到顶点 j 可达，且满足控制约束，数组 c 存储 G 的邻接矩阵
            dist[j]=E.length+c[E.i][j];//数组 dist 记录从源到顶点的距离
            prev[j]=E.i;//数组 prev 记录从源到各顶点的路径上的前驱顶点
            //加入活结点优先队列
            MinHeapNode<Type> N;
            N.i=j;
            N.length=dist[j];
            H.Insert(N);
        }
        try { H.DeleteMin(E); }    //取下一扩展结点
        catch (OutOfBounds) { break; }    //优先队列空
    }
}
```

# 7.3　装　载　问　题

有 $n$ 个集装箱要装上 2 艘载重量分别为 $c_1$ 和 $c_2$ 的轮船，其中集装箱 $i$ 的重量为 $W_i$，且

$$\sum_{i=1}^{n} w_i \leqslant c_1 + c_2$$

装载问题要求确定是否有一个合理的装载方案可将这 $n$ 个集装箱装上这 2 艘轮船。如果有，找出一种装载方案。

装载问题采用下面的策略可得到最优装载方案：首先将第一艘轮船尽可能装满，然后将剩余的集装箱装上第二艘轮船。

1. 队列式分支限界法

队列式分支限界法构造装载问题解空间树时，需要考虑两个限界函数：

（1）可行性约束函数用于去除不可行解，得到所有可行解。该问题的可行性约束函数为：

$$\sum_{i=1}^{n} w_i x_i \leqslant c_1$$

也就是说，使用可行性约束函数剪去不满足该函数的左子树，只有船的剩余载重量够用时，集装箱才能装上船，构造左子树。

（2）结点的左子树表示将此集装箱装船，右子树表示不将此集装箱装船，默认直接进入右子树搜索，我们可以设置剪枝函数，将不满足条件的右子树删去。设 bestw 是当前最优解；ew 是当前扩展结点所相应的重量；$r$ 是剩余集装箱的重量。当 Ew+$r$ ≤bestw 时，可将其右子树剪去。

考虑另外一个问题，初始时 bestw=0，直到搜索到第一个叶结点才更新 bestw。在搜索到第一个叶结点前，总有 Ew+$r$>bestw 成立，此时右子树限界函数是不起作用的。为确保右子树成功剪枝，应该在算法每一次进入左子树的时候更新 bestw 的值。

函数 MaxLoading 返回最优载重量，其具体实施过程如下：在 while 循环中，首先检测当前扩展结点的左孩子结点是否为可行结点。如果是，则将其加入到活结点队列 $Q$ 中。然后，判断右孩子结点是否满足限界条件，如果满足，将其右孩子结点加入到活结点队列中。2 个孩子结点都产生后，当前扩展结点被舍弃。

活结点队列中，队首元素被取出作为当前扩展结点。队列中每一层结点之后，都有一个尾部标记-1。在取队首元素时，活结点队列一定不空。当取出的元素是-1 时，再判断当前队列是否为空。如果队列非空，则将尾部标记-1 加入活结点队列，算法开始处理下一层的活结点。

分支限界法求解装载问题的算法描述如下：

```
template<class Type>
Type MaxLoading(Type w[],Type c,int n)
{   //初始化数据
    Queue<Type> Q;          //保存活结点的队列
    Q.Add(-1);              //-1 的标志是标识分层
    int i=1;                //i 表示当前扩展结点所在的层数
    Type Ew=0;              //Ew 表示当前扩展结点的重量
    Type bestw=0;           //bestw 表示当前最优载重量
    //搜索子集空间树
    while(true)
    {   Type wt=Ew+w[i];    //wt 为左孩子结点的重量
        if(wt<=c)           //若装载之后不超过船的载重量
            if(wt>bestw)    //更新最优装载重量
            {   bestw=wt;
                if(i<n) Q.Add(wt);  //将左孩子添加到队列
            }
        if(Ew+r>bestw&&i<n) //右孩子结点满足限界条件
            Q.Add(Ew);      //将右孩子添加到队列
        Q.Delete(Ew);       //取下一个结点为扩展结点并将重量保存在 Ew
        if(Ew==-1)          //检查是否到了同层结束
        {   if(Q.IsEmpty()) return bestw;   //遍历完毕，返回最优值
            Q.Add(-1);      //添加分层标志
            Q.Delete(Ew);   //删除分层标志，进入下一层
            i++;
            r-=w[i];        //剩余集装箱重量
        }
    }
}
```

解空间树中结点个数为 $O(2^n)$，故算法 MaxLoading 的计算时间和空间复杂度为 $O(2^n)$。

2. 构造最优解

为了在算法结束后能方便地构造出与最优值相应的最优解，算法需要存储解空间树中从活结点到根结点的路径。在每个结点处设置指向其父结点的指针，并设置左、右孩子标志。

```
class QNode
{   QNode *parent;    //指向父结点的指针
```

```
        bool LChild;        //左孩子标志
        Type weight;        //结点所相应的载重量
}
```

找到最优值后，可以根据 parent 回溯到根结点，找到最优解。

```
//构造当前最优解
for (int j = n - 1; j > 0; j--)
{   bestx[j] = bestE->LChild; //bestx 存储最优解路径
    bestE = bestE->parent; //回溯构造最优解
}
```

构造最优解的算法描述如下：

```
class QNode
{    friend void Enqueue(queue<QNode *>&,int,int,int,int,QNode *,QNode *&,int *,bool);
     friend void Maxloading(int *,int,int,int *);
     private:
        QNode *parent;      //指向父结点的指针
        bool LChild;        //左孩子标志，用来表明自己是否为父结点的左孩子
        int weight;         //结点所相应的载重量，已累加前面的已装入的物品重量
};

void Enqueue(queue<QNode *>&Q,int wt,int i,int n,int bestw,QNode *E,QNode *&bestE,int bestx[],bool ch)
{    //将活结点加入到队列中
     if(i==n) //到达叶子结点
     {if(wt==bestw) //确保当前解为最优解
        {   bestE=E;
            bestx[n]=ch;
        }
        return;
     }
     //当不为叶子结点时，加入到队列中，并更新载重、父结点等信息
     QNode *b;
     b=new QNode;
     b->weight=wt;
     b->parent=E;
     b->LChild=ch;
     Q.push(b);
}

void Maxloading(int w[],int c,int n,int bestx[]) //其中 w[]为重量数组
{    //c 为船的总载重量，n 为结点数
     //初始化
     queue<QNode *> Q; //活结点队列
     Q.push(0); //将第一个结点加入队列中，并用 0 作为同层结点的尾部标志
     int i=1; //当前扩展结点的层数，此时为 1
     int Ew=0; //扩展结点相应的载重量
```

```
int bestw=0; //当前最优载重量
int r=0; //剩余集装箱的重量
for(int j=2;j<=n;j++) //求得最初的剩余载重量
    r+=w[j];
QNode *E =0; //当前扩展结点
QNode *bestE; //当前最优扩展结点
//搜索子集空间树
while(true)
{   //检查左孩子结点
    int wt=Ew+w[i];
    if(wt<=c) //左孩子结点为可行结点
    {   if(wt>bestw)
            bestw=wt;
        Enqueue(Q,wt,i,n,bestw,E,bestE,bestx,true);//将左结点加入队列
    }
    //检查右孩子结点，利用限界函数
    if(Ew+r>=bestw)
    //当 Ew+r<=bestW 时，可以把右子树剪去
        Enqueue(Q,Ew,i,n,bestw,E,bestE,bestx,false);//将右结点加入队列
    E=Q.front(); //取出当前扩展结点
    Q.pop();
    if(!E) //到达同层的最末，此时需要更新剩余装箱载重量
    {   if(Q.empty()) break; //此时队列为空
        Q.push(0); //加入 0，表示该层结束
        E=Q.front();
        Q.pop();
        i++; //进入下一层
        r-=w[i];//更新剩余集装箱的值
    }
    Ew=E->weight; //新扩展的结点对应的载重量
}
//构造当前最优解
for(int j=n-1;j>0;j--)
{
    bestx[j]=bestE->LChild;
    bestE=bestE->parent;
}
cout<<"最优载重量为："<<bestw<<endl;
cout<<"最优载重方式："<<"(";
for(int i=1;i<n;i++)
    cout<<bestx[i]<<",";
cout<<bestx[n]<<")"<<endl;
}
```

**3. 优先队列式分支限界法**

解装载问题的优先队列式分支限界法基本思路和普通队列相似，只是多了一个衡量优先

级的标准。我们用最大优先队列存储活结点表。活结点 $x$ 在优先队列中的优先级定义为从根结点到结点 $x$ 的路径所对应的载重量再加上剩余集装箱的重量之和。选取优先队列中优先级最大的活结点作为下一个扩展结点，以结点 $x$ 为根的子树中，所有结点相应路径的载重量不超过它的优先级。子集树中叶结点所相应的载重量与其优先级相同。

在优先队列式分支限界法中，先用一个数组存储优先级，每次找出优先级最高的出队，对其进行普通队列的操作，即将其孩子结点进行处理，并加入队列设置优先级。然后对其孩子结点进行访问，设置扩展结点重量，并加入队列中，将其从队列中删除。然后再继续选最高优先级→选孩子→删除最高→孩子加队列→选最高→选孩子→删除最高→孩子加队列……依次进行。

这种循环操作什么时候停止呢?当我们遇到第一个叶子结点就终止，因为我们的数据结构是最大优先队列，所以每次都找优先级最高的，当第一次遍历到叶子结点，就能保证沿途都是优先级最高的，可以确保找到了最优解。

有两种方式求得最优解：

（1）在优先队列的每一个活结点中，保存从解空间树的根结点到该活结点的路径，在算法确定了达到最优值的叶结点时，也就得到了相应的最优解。

（2）在算法的搜索进程中，保存当前已构造出的部分解空间树，这样在算法确定了达到最优值的叶结点时，可以在解空间树中从该叶结点开始向根结点回溯，构造出相应的最优解。

算法 MaxLoading 实现对装载问题的优先队列式分支限界搜索。开始时，创建一个最大堆，表示活结点优先队列。算法第一个扩展结点是子集树中的根结点。开始子集树的根结点是扩展结点。循环产生当前扩展结点的左右孩子结点。如果当前扩展结点的左孩子结点是可行结点，即它所相应的重量为超过轮船的载重量，则将它加入到子集树的第 $i+1$ 层上，并插入最大堆。扩展结点的右孩子结点总是可行的，故直接插入子集树的最大堆中。接着从最大堆中取出最大元素作为下一个扩展结点。如果此时不存在下一个扩展结点，则问题无可行解。如果下一个扩展结点是叶结点，即子集树中第 $n+1$ 层结点，则它相对应的可行解为最优解，算法结束。

优先队列式分支限界法求解装载问题的算法描述如下：

```
template<class Type>
class bbnode
{    friend void AddLiveNode(MaxHeap<HeapNode<int>>&,bbnode *,int,bool,int);
     friend int MaxLoading(int*,int,int,int*);
     friend class AdjacencyGraph;          //邻接矩阵
     private:
          bbnode *parent;    //指向父结点的指针
          bool Lchild;        //左孩子结点标志
};
class HeapNode
{    friend void AddLiveNode(MaxHeap<HeapNode<Type>>&,bbnode *,Type,bool,int);
     friend Type MaxLoading(Type *,Type,int,int*);
     public:
          operator Type () const{return uweight;}
     private:
          bbnode *ptr;     //指向活结点在子集树中相应结点的指针
```

```
                Type uweight;        //活结点优先级（上界）
                int level;           //活结点在子集树中所处的层序号
};

//将活结点加入到表示活结点优先队列的最大堆 H 中
void AddLiveNode(MaxHeap<HeapNode<Type>>&H,bbnode *E,Type wt,bool ch,int lev)
{   bbnode *b = new bbnode;
    b->parent = E;
    b->Lchild = ch;
    HeapNode<Type>N;
    N.ptr = b;
    N.uweight = wt;
    N.level = lev;
    H.Insert(N);
}
//优先队列式分支限界法，返回最优载重量，bestx 返回最优解
//优先级是当前载重量+剩余重量
Type MaxLoading(Type w[],Type c,int n,int bestx[])
{   MaxHeap<HeapNode<Type>> H(1000);    //定义最大堆的容量为 1000
    Type *r = new Type [n+1];     //剩余重量
    r[n] = 0;
    for(int j = n - 1;j > 0;j--)
    {
        r[j] = r[j+1] + w[j+1];
    }
    //初始化
    int i = 1;   //当前扩展结点所在的层
    bbnode *E = 0;   //当前扩展结点
    Type Ew = 0;    //扩展结点所相应的载重量
    //搜索子集空间树
    while(i != n + 1)   //非叶子结点
    {   //检查当前扩展结点的孩子结点
        if(Ew+w[i] <= c)
            AddLiveNode(H,E,Ew+w[i]+r[i],true,i+1);   //左孩子结点为可行结点
        AddLiveNode(H,E,Ew+r[i],false,i+1);   //右孩子结点
        HeapNode<Type>N;   //取下一扩展结点
        H.DeleteMax(N);   //下一扩展结点，将最大值删去
        i = N.level;
        E = N.ptr;
        Ew = N.uweight - r[i-1];   //当前优先级为上一优先级-上一结点重量
    }
    //构造当前最优解，类似回溯的过程
    for(int j = n;j > 0;j--)
    {   bestx[j] = E->Lchild;
        E = E->parent;
```

```
        }
    return Ew;
}
```

# 7.4  0–1 背包问题

分支限界法求解 0-1 背包问题的算法思想：先对输入数据进行预处理，将物品依其单位重量价值从大到小进行排列；在优先队列式分支限界法中，结点优先级为已装袋的物品价值加上剩下的最大单位重量价值的物品装满剩余容量的价值；用一个最大堆来实现活结点优先队列，算法首先检查当前扩展结点的左孩子结点的可行性；如果左孩子结点是可行结点，则将它加入到子集树和活结点优先队列中；当前扩展结点的右孩子结点一定是可行结点，仅当右孩子结点满足上界约束时，才将它加入子集树和活结点优先队列；当扩展到叶结点时为问题的最优值。

1. 上界函数
上界函数的基本描述如下：

```
template<class Type>
void bound(int i)
{   while (i <= n && w[i] <= cleft)     //n 表示物品总数，cleft 为剩余空间
    {   cleft -= w[i];                  //w[i]表示 i 所占空间
        b += p[i];                      //p[i]表示 i 的价值
        i++;
    }
    if (i <= n) b += p[i]/w[i]*cleft;   //装填剩余容量装满背包
    return b;                           //b 为上界函数
}
```

2. 算法描述
求解 0-1 背包问题的分支限界法描述如下：

```
template<class Type>
class Object
{   public:
    int id;         //编号
    int weight;     //重量
    int price;      //价值
    float d;        //单位重量价值
};
class MaxHeapQNode
{   public:
    MaxHeapQNode *parent;       //父结点，可以记录路径
    int lchild;                 //左孩子结点
    int upprofit;               //它的值就是上界函数 bound，结点优先级以该值为准
    int profit;                 //当前价值
    int weight;                 //重量
    int lev;                    //层次
```

```
};
//建立优先队列时使用的
struct cmp
{   bool operator()(MaxHeapQNode *&a, MaxHeapQNode *&b) const
    {   return a->upprofit < b->upprofit;     }
};


//用于预处理的重排
bool compare(const Object &a, const Object &b)
{   return a.d >= b.d;
}


int n;        //物品件数
int c;        //背包容量
int cw;       //当前重量
int cp;       //当前解
int bestp;            //最优解的值
Object obj[100]; //物品集合
int bestx[100];     //最优解的物品集合
ifstream in("input.txt");
ofstream out("output.txt");


//添加结点到优先队列
void AddAliveNode(priority_queue<MaxHeapQNode *, vector<MaxHeapQNode *>, cmp>&q,
MaxHeapQNode*E, int up, int wt, int curp, int i, int ch)
{   MaxHeapQNode *p = new MaxHeapQNode;
    p->parent=E;         //父结点
    p->lchild=ch;        //ch=1 左孩子结点
    p->weight=wt;
    p->upprofit=up;      //bound
    p->profit=curp;
    p->lev=i+1;          //层次
    q.push(p);           //将结点 p 加入队列 q
}
//分支限界法求解
void MaxKnapsack()
{   //优先队列，以 cmp 来确定优先级，maxheapqnode*是类型，还可以是 int、string……
    priority_queue<MaxHeapQNode *, vector<MaxHeapQNode *>, cmp > q;
    //初始化
    MaxHeapQNode *E=NULL;
    cw=cp=bestp=0;
    int i=1;
    int up=Bound(1);
```

```
        //当处理的层次没有达到叶子结点，不断处理队列中的结点
        while(i!=n+1)   //非叶结点
        {   //左孩子结点：加入后不超出容量就可以加入
            int wt=cw+obj[i].weight;
            if(wt<=c)   //左孩子结点为可行结点
            {   if(bestp<cp+obj[i].price)
                    bestp=cp+obj[i].price;
                AddAliveNode(q,E,up,cw+obj[i].weight,cp+obj[i].price,i,1);
                //参数顺序：优先队列 q，结点 E，当前重量，bound，当前价值，层数，1 表示左结点
            }
            //右孩子结点，如果可能产生最优解，可以加入
            up=Bound(i + 1);
            if(up>=bestp) //注意这里必须是大于等于
                    AddAliveNode(q,E,up,cw,cp,i,0);
            //取出队首结点给下一次循环来处理
            E=q.top();
            q.pop();
            cw=E->weight;       //结点的重量
            cp=E->profit;       //结点的价值
            up=E->upprofit;     //结点的值就是 bound
            i=E->lev;           //结点的层次
        }
        //构造最优解的物品集合
        for(int j = n; j > 0; --j)
        {   bestx[obj[E->lev-1].id] = E->lchild;
            E = E->parent;
        }
    }
}
//输入并预处理
int InPut()
{   if(in>>c)
    {   in>>n;
        for(int i=1;i<=n;++i)
        {   in>>obj[i].weight>>obj[i].price;
            obj[i].id = i;
            obj[i].d = 1.0 *obj[i].price/obj[i].weight;
        }
        //重排
        sort(obj+1,obj+n+1,compare);
        return 1;
    }
    return 0;
}
```

```
//输出
void OutPut()
{    out<<bestp<<'\n';
     for(int i = 1; i <= n; ++i)
         if(bestx[i] == 1)
             out<<i<<' ';
     out<<'\n';
}

int main()
{    while(InPut())
     {    MaxKnapsack();
          OutPut();
     }
     in.close();
     out.close();
     return 0;
}
```

3. 实例

对 0-1 背包问题进行求解，假设物品个数 $n$=3，背包容量 $C$=20，每个物品的价值($v1$, $v2$, $v3$)=(20, 15, 25)，每个物品的重量($w1$, $w2$, $w3$)=(10, 5, 15)，求放入背包总重量小于等于 $C$ 并且价值最大的解，设解向量为 $x$=($x1$, $x2$, $x3$)。

先按照单位重量价值由大到小的顺序排列，如表 7.2 所示。

表 7.2    3 件物品的重量，价值，单位重量价值

| 编号 | 1 | 2 | 3 |
|---|---|---|---|
| 重量 $w$ | 5 | 10 | 15 |
| 价值 $v$ | 15 | 20 | 25 |
| 单位重量价值 $v/w$ | 3 | 2 | 5/3 |

采用优先队列式分支限界法求解，就是将一般的队列改为优先队列，但必须设计限界函数，因为优先级是以限界函数值为基础的。限界函数给出每一个可行结点相应的子树可能获得的最大价值的上界。如果这个上界不比当前最优值更大，则说明相应的子树中不含问题的最优解，因此该结点可以剪去（剪枝）。

采用优先队列式分支限界法求解 0-1 背包问题的搜索过程如图 7.10 所示，图中 X 为死结点，结点的字母编号为搜索顺序。从图 7.10 中看到由于采用优先队列，结点的扩展不再是一层一层顺序展开，而是按限界函数值的大小跳跃式选取扩展结点。求解过程实际搜索的结点个数比队列式求解要少，当物品数较多时，这种效率的提高会更为明显。

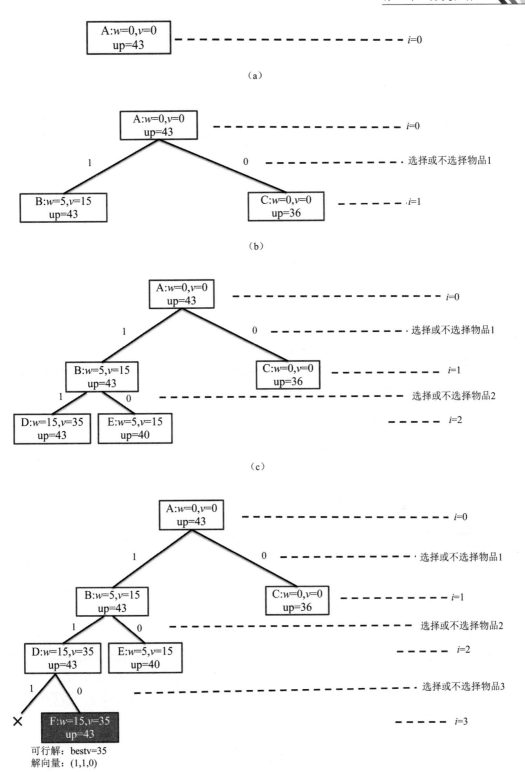

图 7.10（一）　优先队列式分支限界法求解 0-1 背包问题

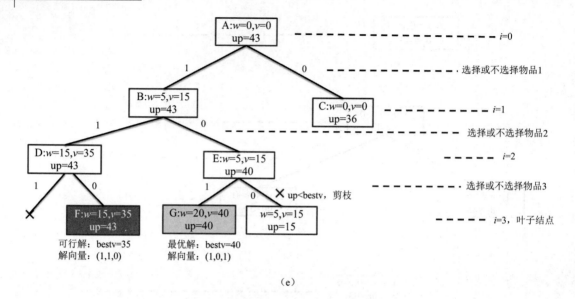

（e）

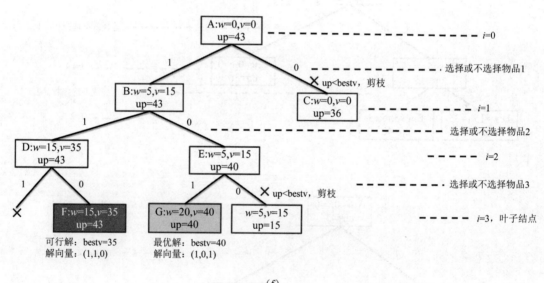

（f）

图 7.10（二）　优先队列式分支限界法求解 0-1 背包问题

### 4．算法复杂度分析

无论采用队列式分支限界法还是优先队列式分支限界法求解 0-1 背包问题，最坏情况下要搜索整个解空间树，所以最坏时间和空间复杂度均为 $O(2^n)$，其中 $n$ 为物品个数。

限界函数时间复杂度为 $O(n)$，而最坏情况有 $2^{(n+1)}-2$ 个结点，需 $O(2^n)$ 个空间存储结点，算法空间复杂度为 $O(2^n)$。

## 习　题

1．羽毛球队有男女运动员各 $n$ 人。给定 2 个 $n\times n$ 矩阵 $P$ 和 $Q$。$P[i][j]$ 是男运动员 $i$ 和女运动员 $j$ 配对组成混合双打的男运动员竞赛优势。$Q[i][j]$ 是女运动员 $i$ 和男运动员 $j$ 配合的女运动员竞赛优势。由于技术配合和心理状态等各种因素影响，$P[i][j]$不一定等于 $Q[i][j]$。男运动员 $i$ 和女运动员 $j$ 配对组成混合双打的男女双方竞赛优势为 $P[i][j]Q[i][j]$。设计一个算法，计算男女运动员最佳配对法，使各组男女双方竞赛优势的总和达到最大。

2．假设有 $n$ 个任务由 $k$ 个可并行工作的机器完成。完成任务 $i$ 需要的时间为 $t_i$。设计一个算法找出完成这 $n$ 个任务的最佳调度，使得完成全部任务的时间最早。

3．给定 $n$ 个正整数和 4 个运算符＋、－、*、/，且运算符无优先级，如 2+3*5=25。对于任意给定的整数 $m$，试设计一个算法，用以上给出的 $n$ 个数和 4 个运算符，产生整数 $m$，且用的运算次数最少。给出的 $n$ 个数中每个数最多只能用 1 次，但每种运算符可以任意使用。即对于给定的 $n$ 个正整数，设计一个算法，用最少的无优先级运算次数产生整数 $m$。

4．世界名画陈列馆由 $m×n$ 个排列成矩形阵列的陈列室组成。为了防止名画被盗，需要在陈列室中设置警卫机器人哨位。每个警卫机器人除了监视它所在的陈列室外，还可以监视与它所在的陈列室相邻的上、下、左、右 4 个陈列室。试设计一个安排警卫机器人哨位的算法，使得名画陈列馆中每一个陈列室都在警卫机器人的监视之下，且所用的警卫机器人数最少。

5．设某一机器由 $n$ 个部件组成，每一种部件都可以从 $m$ 个不同的供应商处购得。设 $w_{ij}$ 是从供应商 $j$ 处购得的部件 $i$ 的重量，$v_{ij}$ 是相应的价格。试设计一个算法，给出总价格不超过 $V$ 的最小重量机器设计。

# 参 考 文 献

[1] 科曼，莱瑟森，李维斯特，等. 算法导论. 殷建平，徐云，王宏志，等译. 3 版. 北京：机械工业出版社，2013.

[2] 郑宗汉，郑晓明. 算法设计与分析. 2 版. 北京：清华大学出版社，2011.

[3] 王晓东. 计算机算法设计与分析. 5 版. 北京：电子工业出版社，2018.

[4] 王晓东. 计算机算法设计与分析习题解答. 5 版. 北京：电子工业出版社，2018.

[5] 屈婉玲，刘田，张立昂，等. 算法设计与分析. 2 版. 北京：清华大学出版社，2016.

[6] 屈婉玲，刘田，张立昂，等. 算法设计与分析习题解答. 2 版. 北京：清华大学出版社，2016.

[7] 李春葆. 算法设计与分析. 2 版. 北京：清华大学出版社，2018.

[8] 杨克昌，严权峰. 算法设计与分析实用教程，北京：中国水利水电出版社，2013.

[9] 滕国文，李昊. ACM-ICPC 基本算法. 北京：清华大学出版社，2018.

[10] 俞勇. ACM 国际大学生程序设计竞赛题目与解读. 北京：清华大学出版社，2012.

[11] 路志鹏，俞俊，海凡路，等. 算法通关之路. 北京：电子工业出版社，2021.

[12] 天池平台. 阿里云天池大赛赛题解析. 北京：电子工业出版社，2020.

[13] 俞勇. ACM 国际大学生程序设计竞赛知识与入门. 北京：清华大学出版社，2012.

[14] 吴文虎，王建德. 世界大学生程序设计竞赛（ACM/ICPC）高级教程：第 1 册程序设计中常用的计算思维方式. 北京：中国铁道出版社，2009.

[15] 严蔚敏，吴伟民. 数据结构（C 语言版）. 北京：清华大学出版社，2012.

[16] 马克·艾伦·维斯. 数据结构与算法分析（C 语言描述）. 冯舜玺，译. 2 版. 北京：机械工业出版社，2004.

[17] 王争. 数据结构与算法之美. 北京：人民邮电出版社，2021.

[18] 谢弗. 数据结构与算法分析（C++版）. 张铭，刘晓丹，等译. 3 版. 北京：电子工业出版社，2013.